DUDEN-
Abiturhilfen

Analysis II

DUDEN-Abiturhilfen

MATHEMATIK

Analysis I
(11. Schuljahr)

Analysis II
(11. und 12. Schuljahr)

Analysis III
(ab 12. Schuljahr)

Stochastik I
(12./13. Schuljahr)

CHEMIE

Grundlagen der organischen Chemie
(12./13. Schuljahr)

BIOLOGIE

Genetik
(12./13. Schuljahr)

ERDKUNDE

USA – UdSSR
(12./13. Schuljahr)

Die Landwirtschaft
(12./13. Schuljahr)

GESCHICHTE

Geschichte I
(12./13. Schuljahr)

Weitere Bände sind in Vorbereitung

DUDEN-Abiturhilfen

Analysis II

Ableitung und Kurvendiskussion
11. und 12. Schuljahr

von Prof. Dr. Norbert Knoche
unter Mitarbeit von
Marion und Bernd Krallmann

Graphische Darstellungen
von Dieter Kneifel

DUDENVERLAG
Mannheim/Wien/Zürich

CIP-Titelaufnahme der Deutschen Bibliothek
Duden-Abiturhilfen
Mannheim; Wien; Zürich: Dudenverl.
Analysis / von Norbert Knoche
2. Ableitung und Kurvendiskussion: 11. u. 12. Schuljahr. - 1988
ISBN 3-411-02619-7
NE: Knoche, Norbert [Mitverf.]

Druck und Bindung: westermann druck, Braunschweig
Printed in Germany
ISBN 3-411-02619-7

Vorwort

Die „Duden-Abiturhilfen“ setzen die Reihe „Duden-Schülerhilfen“ im Bereich der Sekundarstufe II fort.
Die Bände zur Analysis umfassen den gesamten Stoff des Grundkurses und des Leistungskurses Analysis einschließlich des sog. Vorkurses.
In der Regel beginnen die einzelnen Kapitel jeweils mit der Wiederholung der grundlegenden Begriffe und den wichtigsten Aussagen und Regeln zur Anwendung dieser Begriffe.
Die Behandlung des Stoffes wird von einer Vielzahl bis ins Detail vorgerechneter Beispiele und Aufgaben, zu denen ausführliche Lösungen im Anhang angegeben werden, begleitet.
Die Bände sind so geschrieben, daß sie unabhängig vom einzelnen im Unterricht verwendeten Lehrbuch benutzt werden können. Betrachtet man verschiedene Lehrbücher nebeneinander, so erkennt man, daß in ihnen der gleiche Stoff z.T. unterschiedlich behandelt wird. Sie unterscheiden sich natürlich nicht in den mathematischen Sätzen (die Produktregel der Differentiation z.B. finden Sie in jedem Buch). Wodurch sie sich unterscheiden sind die Formulierungen in den Definitionen jeweils behandelter Begriffe. Wir haben diese unterschiedlichen Formulierungen aufgenommen und zeigen auch, wie man von der einen zur anderen kommt. Auf der anderen Seite haben wir uns bemüht, soweit wie möglich auf die einzelnen Schulbücher zurückzugreifen.
Die einzelnen Kapitel sind in dem Sinne unabhängig voneinander geschrieben, daß man, um ein bestimmtes Kapital lesen zu können, nicht erst alle vorausgegangenen Kapitel lesen muß. Die Bände können daher auch als Nachschlagewerk zur schnellen Information dienen.
Wir geben Ihnen im folgenden einen Überblick über den Inhalt der Duden-Abiturhilfen „Analysis“:

***Band II** hat die Themen „Funktionsgrenzwert, Stetigkeit“ und „Differenzierbarkeit“ zum Inhalt. Es werden die Kapitel „Einfache Eigenschaften von Funktionen“, „Grenzwerte von Funktionen und Stetigkeit“, „Differenzierbarkeit“ und „Kurvendiskussion“ behandelt.*

***Band I** umfaßt den Vorkurs „Analysis“ einschließlich der Themen „Vollständige Induktion“, „Zahlenfolgen“, „Reelle Funktionen“.*

***Band III** hat das Thema „Integralrechnung“ als Schwerpunkt. Die drei Kapitel lauten: Der Integralbegriff, Kurvendiskussionen und Extremwertprobleme sowie Ergänzung ausgewählter Themen des Analysisunterrichts.*

Die Verfasser

Inhaltsverzeichnis

1. Kapitel: Einfache Eigenschaften von Funktionen

In diesem Band II der Abiturhilfen beschäftigen wir uns hauptsächlich mit der Stetigkeit und der Differenzierbarkeit von Funktionen und den dazugehörenden Anwendungen. Dazu werden die Eigenschaften von Funktionen, die später mit weitergehenden Methoden der Differentialrechnung vertieft werden, an den Anfang gestellt: die Extremstellen, die Monotonie und die Beschränktheit. In diesem ersten Kapitel werden diese Eigenschaften mit Hilfe von Ungleichungen und deren Lösungsmengenbestimmung erarbeitet. Die Eigenschaften von Funktionen, die sich über Lösungsmengenbestimmungen von Gleichungen rechnerisch behandeln lassen (Verschiebungen und Streckungen, Nullstellenberechnung und Symmetrie) wurden in Band I betrachtet.

1.1 Extremstellen

Um einen ersten Überblick über den Verlauf eines Funktionsgraphen zu erhalten, genügt es in vielen Fällen, einige markante Punkte des Graphens zu bestimmen. Dazu gehören neben den Schnittpunkten mit den Koordinatenachsen (vgl. Band I) auch die Stellen, an denen die Funktion – im Vergleich zu den Werten in ihrer Umgebung – einen größten oder kleinsten Funktionswert hat.

Beispiel 1:

$$f_1(x) = -2(x-2)^2 + 3, \quad \mathbb{D}_{f_1} = \mathbb{R}.$$

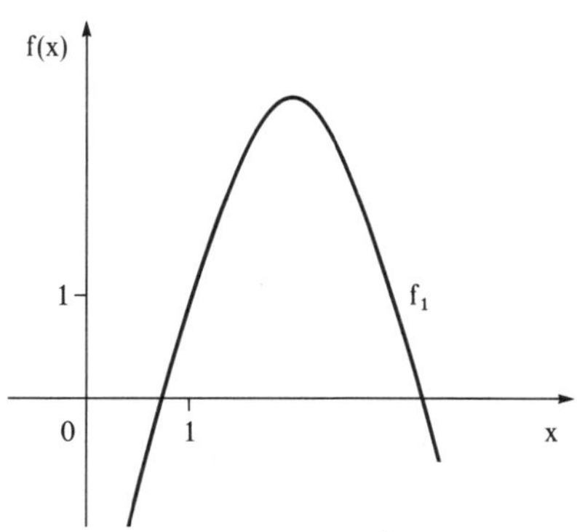

Abbildung 1.1

Der Graph von f_1 hat an der Stelle 2 seinen höchsten Punkt; $f_1(2) = 3$ ist Maximum von f_1.

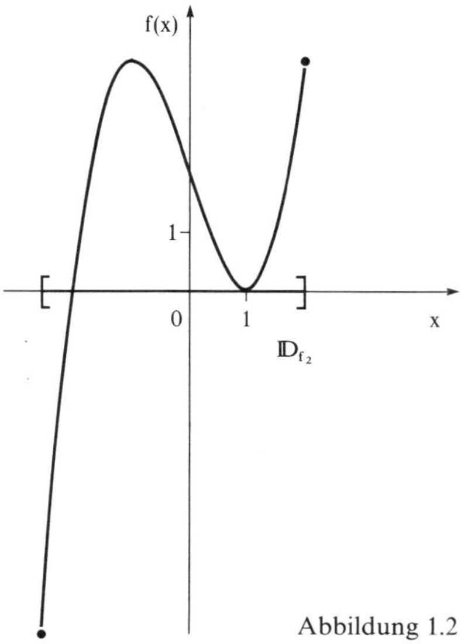

Abbildung 1.2

$f_2(x) = x^3 - 3x + 2,$

$\mathbb{D}_{f_2} = [-2{,}5; 2].$

Der Graph von f_2 hat an der Stelle -1 einen Hochpunkt, an der Stelle 1 einen Tiefpunkt, wenn auch jeweils nur auf eine bestimmte Umgebung der Stelle bezogen: $f_2(-1) = 4$ ist lokales Maximum von f_2, $f_2(1) = 0$ ist lokales Minimum von f_2.
Am rechten Rand des Definitionsbereichs wird der (absolut) größte, am linken Rand der (absolut) kleinste Funktionswert angenommen.

Definition 1.1: Eine reelle Funktion f sei in einem Intervall A definiert.

a) Bei $x_0 \in A$ liegt ein **lokales Minimum** genau dann vor, wenn es eine Umgebung $U(x_0) \subseteq A$ gibt, so daß für alle $x \in U(x_0)$ gilt: $f(x) \geq f(x_0)$. Der Punkt $(x_0/f(x_0))$ heißt dann **Tiefpunkt** des Graphens, x_0 die **Minimalstelle** der Funktion.
b) Bei $x_0 \in A$ liegt ein **lokales Maximum** genau dann vor, wenn es eine Umgebung $U(x_0) \subseteq A$ gibt, so daß für alle $x \in U(x_0)$ gilt: $f(x) \leq f(x_0)$. Der Punkt $(x_0/f(x_0))$ heißt dann **Hochpunkt** des Graphens, x_0 die **Maximalstelle** der Funktion.

Oberbegriff für Maximum und Minimum einer Funktion ist **Extremum**, Minimalstelle und Maximalstelle heißen **Extremstelle**.
Statt lokales Extremum sagt man auch **relatives Extremum**.
Die Funktion f_2 aus Beispiel 1 hat an der Stelle 1 ein lokales Minimum, denn z.B. für $U(1) = [0; 2]$ gilt: Für alle $x \in U(1)$ ist $f(x) \geq f(1) = 0$.
Eine Funktion kann in einem Intervall mehrere lokale Maxima haben; sie kann in diesem Intervall jedoch nur ein absolutes Maximum besitzen, dieses kann allenfalls an mehreren Stellen angenommen werden. Die Funktion f_2 aus Beispiel 1 hat als absolutes Maximum 4, dieses wird an den Stellen -1 und 2 angenommen ($f(-1) = f(2) = 4$).

Definition 1.2: Eine reelle Funktion sei in einem Intervall A definiert.

a) Dann liegt bei $x_0 \in A$ ein **absolutes Minimum** genau dann vor, wenn für alle $x \in A$ gilt: $f(x) \geq f(x_0)$.
b) Dann liegt bei $x_0 \in A$ ein **absolutes Maximum** genau dann vor, wenn für alle $x \in A$ gilt: $f(x) \leq f(x_0)$.

Unmittelbar einleuchtend ist:

Satz 1.1: Hat eine Funktion im Inneren des Intervalls A ein absolutes Extremum, so hat sie an dieser Stelle auch ein lokales Extremum.

Liegt ein absolutes Extremum am Rand des Definitionsbereichs, so ist es kein lokales Extremum (es gibt ja keine Umgebung $U(x_0)$, die ganz in A liegt); ein solches Extremum heißt **Randextremum**.

1.2 Monotonie

<u>*Beispiel 2:*</u> Die quadratische Funktion f mit

$$f(x) = -0{,}5 \cdot x^2 + x + 2$$

hat als Graphen eine nach unten geöffnete Parabel mit dem Scheitelpunkt S (1/2,5).
Betrachtet man den Funktionsgraphen von links nach rechts, also mit größer werdenden Argumenten, so wachsen die Funktionswerte links vom Scheitelpunkt, rechts davon fallen sie.

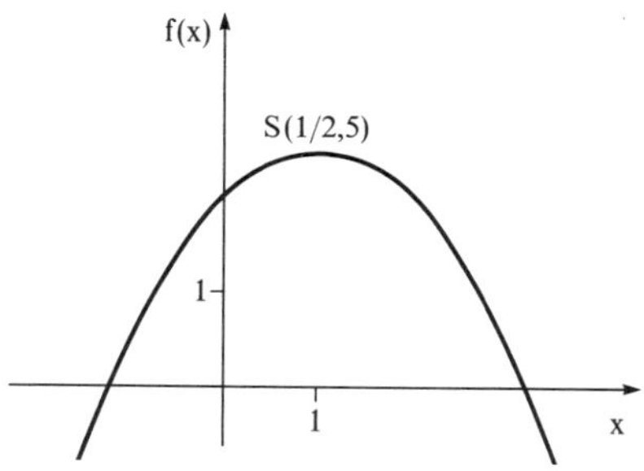

Abbildung 1.3

Definition 1.3: Eine reelle Funktion f heißt auf einem Intervall $I \subseteq \mathbb{D}_f$ **streng monoton wachsend** genau dann, wenn für alle $x_1, x_2 \in I$ gilt:

$$x_1 < x_2 \Rightarrow f(x_1) < f(x_2).$$

Eine reelle Funktion f heißt auf einem Intervall $I \subset \mathbb{D}_f$ **streng monoton fallend** genau dann, wenn für alle $x_1, x_2 \in I$ gilt:

$$x_1 < x_2 \Rightarrow f(x_1) > f(x_2).$$

Anmerkung: Für „wachsend" in der obigen Definition (und auch in der folgenden Definition 1.4) sind auch die Begriffe „zunehmend" und „steigend" gebräuchlich, für „fallend" findet man auch „abnehmend".

<u>*Beispiel 3:*</u> Die Funktion f aus Beispiel 2 ist für $I =]-\infty; 1] = \{x/x \leq 1\}$ streng monoton wachsend.

Nachweis: Es ist zu zeigen, daß für alle $x_1, x_2 \leq 1$ gilt:

$$x_1 < x_2 \Rightarrow -0{,}5\,x_1^2 + x_1 + 2 < -0{,}5\,x_2^2 + x_2 + 2.$$

Zweckmäßigerweise formt man die Funktionsgleichung in die Scheitelpunktsform um:

$$f(x) = -0{,}5(x-1)^2 + 2{,}5$$

und erhält durch Äquivalenzumformungen:

$$-0{,}5(x_1-1)^2+2{,}5<-0{,}5(x_2-1)^2+2{,}5$$
$$\Leftrightarrow \quad -(x_1-1)^2 \quad < \quad -(x_2-1)^2.$$

Aus $x_1<x_2\leq 1$ folgt $x_1-1<x_2-1$ und $(x_1-1)^2>(x_2-1)^2$ und damit rückwärts mit obigen Umformungen die Behauptung.

Aufgabe 1:

a) Führen Sie die Umformungen in Beispiel 3 ausführlich aus.
b) Weisen Sie nach: Die Funktion f aus Beispiel 2 ist im Intervall $I=[1;\ +\infty[$ streng monoton fallend.

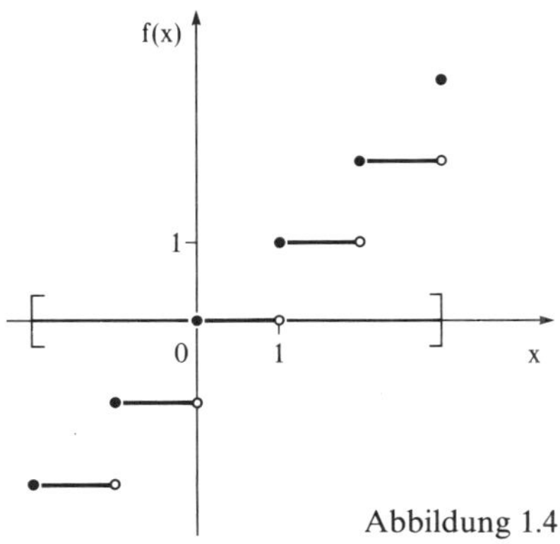

Abbildung 1.4

Beispiel 4: Die Gauß-Klammer-Funktion $[x]$ (vgl. Band I: Abschnittsweise definierte Funktionen) ist sicher nicht streng monoton wachsend auf dem Intervall $[-2;\ 3]$. Für sie gilt z.B. $[1{,}4]=[1{,}8]=1$.

Definition 1.4: Eine reelle Funktion f heißt auf einem Intervall $I\subseteq \mathbb{D}_f$ **monoton wachsend** genau dann, wenn für alle $x_1, x_2\in I$ gilt:

$$x_1<x_2 \Rightarrow f(x_1)\leq f(x_2).$$

Eine reelle Funktion f heißt auf einem Intervall $I\subseteq \mathbb{D}_f$ **monoton fallend** genau dann, wenn für alle $x_1, x_2\in I$ gilt:

$$x_1<x_2 \Rightarrow f(x_1)\geq f(x_2).$$

Vgl. die Anmerkung unter Definition 1.3.

Für die Gauß-Klammer-Funktion ist nach ihrer Definition klar, daß sie monoton wachsend ist. Bei zunehmendem Argument wird der Funktionswert größer oder bleibt gleich; keinesfalls wird er kleiner.
Auch folgender Satz ergibt sich unmittelbar:

Satz 1.2: Eine auf einem Intervall I streng monoton wachsende (fallende) Funktion ist auf I auch monoton wachsend (fallend).

Die Umkehrung des Satzes 1.2 gilt nicht (vgl. Beispiel 4): „Monotonie" ist ein Oberbegriff zu „strenger Monotonie".

Eine wichtige Aussage haben wir als Satz 3.5 im Band I „Umkehrfunktion einer reellen Funktion“ formuliert: „Eine auf einem Intervall streng monotone Funktion besitzt dort eine Umkehrfunktion.“ Ebenso gilt, wie man sich an den Graphen anschaulich klar machen kann:

Satz 1.3: Die Umkehrfunktion f^{-1} einer streng monoton wachsenden (fallenden) Funktion f ist ebenfalls streng monoton wachsend (fallend).

Aufgabe 2: Untersuchen Sie folgende Funktionen f im angegebenen Intervall I auf Monotonie:

a) $f(x)=|x| \quad I=]-\infty;0]$
b) $f(x)=x+|x| \quad I=\mathbb{R}$
c) $f(x)=x^3-x \quad I=[0;\frac{1}{3}\sqrt{3}]$
d) $f(x)=|x-1| \quad I=[0;2]$

Aufgabe 3: Weisen Sie nach, daß jede lineare Funktion $f(x)=m\cdot x+n$ mit $m<0$ streng monoton fallend ist.

Aufgabe 4: Geben Sie Intervalle I an, auf denen die folgenden Funktionen f streng monoton a) wachsend b) fallend sind:

I) $f(x)=x^2+4$
II) $f(x)=|0{,}5x^2+x-2|$

Aufgabe 5: Wie muß man den Definitionsbereich der Funktion f mit $f(x)=x^2$ wählen, damit die Umkehrfunktion f^{-1} existiert? Welches Monotonieverhalten hat dann f^{-1}?

1.3 Beschränktheit

Bei der Behandlung gebrochen-rationaler Funktionen haben wir Funktionen kennengelernt, die bei Annäherung an eine Definitionslücke „über jede Grenze hinaus“ wachsen oder fallen. Diese Funktionen sind nicht beschränkt. Andererseits gibt es Funktionen, wie z.B. die Sinusfunktion $f(x)=\sin x$, deren Wertemenge beschränkt ist.

Wir beziehen die folgenden Definitionen wieder auf Intervalle I:

Definition 1.5: Eine reelle Funktion f heißt **nach oben beschränkt** über $I\subseteq\mathbb{D}_f$ genau dann, wenn es eine Zahl S_o (**obere Schranke**) gibt, so daß für alle $x\in I$ gilt: $f(x)\leq S_o$.
Eine reelle Funktion f heißt **nach unten beschränkt** über $I\subseteq\mathbb{D}_f$ genau dann, wenn es eine Zahl S_u (**untere Schranke**) gibt, so daß für alle $x\in I$ gilt: $f(x)\geq S_u$.

Definition 1.6: Eine reelle Funktion f heißt **beschränkt** über $I\subseteq\mathbb{D}_f$ genau dann, wenn sie über I nach oben und nach unten beschränkt ist, wenn es also eine Zahl S gibt mit $|f(x)|\leq S$ für alle $x\in I$.

Anmerkung: Die Definitionen fordern nur die Angabe einer (eventuell einer oberen oder unteren) Schranke, nicht etwa die Angabe einer kleinstmöglichen oberen (oder größten unteren) Schranke.

Der folgende Satz ist unmittelbar einsichtig:

Satz 1.4: Hat eine reelle Funktion f eine obere Schranke S_o, so ist jede größere Zahl ebenfalls obere Schranke von f; mit einer unteren Schranke S_u ist auch jede kleinere Zahl s (also mit $s < S_u$) untere Schranke von f.

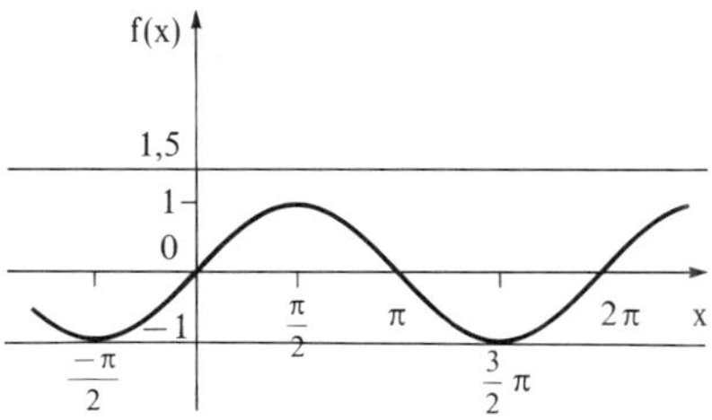

Abbildung 1.5

Die Sinus-Funktion ist z. B. beschränkt; als obere Schranke könnte man z. B. $S_o = 1{,}5$ angeben, als untere Schranke $S_u = -1$; S (aus Definition 1.6) ergibt sich dann als $S = 1{,}5$: $|\sin x| \leq S = 1{,}5$.

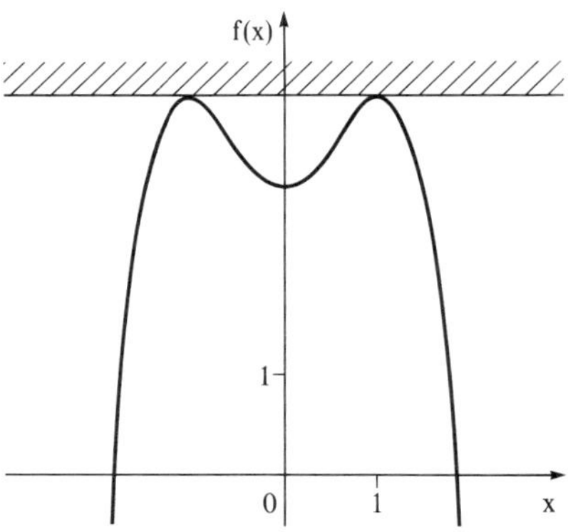

Abbildung 1.6

Beispiel 5: Die Funktion f mit

$f(x) = -x^4 + 2x^2 + 3$

ist nach oben beschränkt über $\mathbb{R}$. Aus dem Graphen gewinnt man die Vermutung, daß 4 obere Schranke der Funktion f sein könnte. Es ist also nachzuweisen:
Für alle $x \in \mathbb{R}$ gilt: $f(x) \leq 4$.

$$-x^4 + 2x^2 + 3 \leq 4$$
$$\Leftrightarrow \quad x^4 - 2x^2 + 1 \geq 0$$
$$\Leftrightarrow \quad (x^2 - 1)^2 \geq 0$$

Diese Aussageform ist allgemeingültig, also gilt die äquivalente Aussageform $f(x) \leq 4$ für alle $x \in \mathbb{R}$. Die Funktion f ist jedoch nicht beschränkt, da f nicht nach unten beschränkt ist.
Zum Nachweis der Beschränktheit (nach oben oder nach unten) gibt man sich gemeinhin eine Zahl als (obere oder untere) Schranke vor und weist die entsprechende Eigenschaft nach.
Der Nachweis, daß eine Funktion nicht nach oben oder unten beschränkt ist, ist gedanklich etwas anspruchsvoller:
Um z. B. zu zeigen, daß eine Funktion auf ihrem Definitionsbereich nicht nach oben beschränkt ist, ist nachzuweisen, daß zu jeder Zahl k ein $x_o \in \mathbb{D}_f$ existiert, so daß $f(x_o) > k$ ist.

Aufgabe 6: Formulieren Sie entsprechend, was zu zeigen ist, um zu beweisen, daß eine Funktion über ihrem Definitionsbereich nicht nach unten beschränkt ist.

Beispiel 6: Die Funktion f mit $f(x) = -3x + 6$ ist über $\mathbb{R}$ nicht nach unten beschränkt.

Vorüberlegung:

Wenn 3 keine untere Schranke ist, kann man zeigen: Es gibt ein $x \in \mathbb{D}_f$ mit $f(x) < 3$.

$$f(x) = -3x + 6 < 3$$
$$\Leftrightarrow \quad x > 1.$$

Für alle $x > 1$ (z.B. $x = 2$) gilt also: $f(x) < 3$ (z.B. $f(2) = 0 < 3$).

Nachweis:

Für jede Zahl k ist zu zeigen: k ist nicht untere Schranke von f; es gibt also zu jedem $k \in \mathbb{R}$ ein $x \in \mathbb{D}_f$ mit $f(x) < k$.

$$f(x) = -3x + 6 < k$$
$$\Leftrightarrow \quad x > \frac{6-k}{3}.$$

Zu jeder reellen Zahl k (z.B. $k = -30$) ist also ein x (hier $x > 12$, z.B. $x = 13$) zu finden, so daß gilt: $f(x) < k$ (hier $f(13) = -33 < -30$).

Beispiel 7: Die Funktion f mit $f(x) = \frac{1}{x}$ ist beschränkt über $[1; 4]$, denn für alle x mit $1 \leq x \leq 4$ gilt: $f(x) = \frac{1}{x} \leq 1$.

Aufgabe 7: Zeigen Sie, daß f mit $f(x) = \frac{1}{x}$ nicht beschränkt ist über $]0; 2[$.

(*Hinweis:* Indirekter Nachweis: Annahme der Existenz einer oberen Schranke S_o führt zum Auffinden eines x $(0 < x < 2)$ mit $f(x) > S_o$.)

Aufgabe 8: Untersuchen Sie jeweils, ob die Funktion f auf ihrem Definitionsbereich nach oben beschränkt (nach unten beschränkt) ist. Geben Sie jeweils eine Schranke an oder ein $x_o \in \mathbb{D}_f$ mit $f(x_o) < -10^6$ (bzw. $f(x_o) > 10^6$).

a) $f(x) = x^2 - 1000$ b) $f(x) = \sqrt{x}$ c) $f(x) = \frac{1}{(x-1)^2}$

Aufgabe 9: Zeigen Sie, daß die Funktion f mit $f(x) = x^3$ nicht nach oben und nicht nach unten beschränkt ist.

Abschlußtest

Aufgabe 1: Gegeben sei die Funktion $f(x)=\frac{3x}{x^2+1}$, $\mathbb{D}_f=\mathbb{R}$.

a) Weisen Sie für diese Funktion die folgenden Eigenschaften nach:
   1) Die Funktion f ist beschränkt.
   2) Der Graph von f ist monoton fallend für $x>1$.
   3) Der Punkt $(1/f(1))$ ist globaler Hochpunkt über $\mathbb{D}_f$.

b) Bestimmen Sie ein lokales Minimum über $[-2;0]$.

Aufgabe 2:

a) Verschieben Sie die Funktion aus Aufgabe (1) um eine Einheit in y-Richtung und um zwei Einheiten in x-Richtung und geben Sie den neuen Funktionsterm f* an (vgl. Band I, 3.12).

b) Berechnen Sie die Schnittpunkte von f* mit den Koordinatenachsen (vgl. Band I, 3.13).

c) Bestimmen Sie die Koordinaten des globalen Minimums von f* und weisen Sie nach, daß dieser Punkt Tiefpunkt ist.

Aufgabe 3:

a) Sie erhalten einen neuen Funktionsterm g durch Multiplikation von f* (s. Aufgabe 2) mit $k\in\mathbb{R}$. Wählen Sie k so, daß das Minimum -4 wird.

b) Wie ändern sich bei der Multiplikation mit einem Faktor $k\neq 0$ die Schnittpunkte von f* mit den Koordinatenachsen?

c) Vergleichen Sie die Monotonieintervalle von f* und g miteinander. Was stellen Sie fest?

d) Zeichnen Sie die drei Graphen von f, f* und g in ein Koordinatensystem.

2. Kapitel:
Grenzwerte von Funktionen und Stetigkeit

Auch wenn in Ihrem Unterricht Funktionsgrenzwerte eher stiefmütterlich (und Stetigkeit vielleicht gar nicht) behandelt wurde, so sei doch empfohlen, dieses Kapitel ganz durchzuarbeiten, auch als Vorbereitung der Begriffsbildungen und der Sätze des nächsten Kapitels.

2.1 Grenzwerte von Funktionen

Wir hatten im Band I, 3.9, S. 65ff. das Verhalten eines Funktionsgraphen einer gebrochenrationalen Funktion mit dem Begriff der Asymptote beschrieben:

<u>*Beispiel 1:*</u>

$$f\colon x \to f(x) = \frac{4x^3 - x}{4x^3}, \quad x \in \mathbb{R} \setminus \{0\}.$$

Die Gerade g mit $g(x) = 1$ hatten wir Asymptote des Graphen von f genannt.

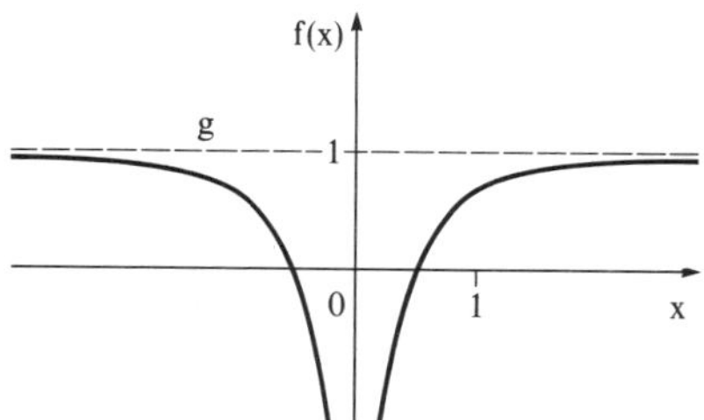

Abbildung 2.1

Das Verhalten dieser Funktion f läßt sich auch anders beschreiben: Für immer größer werdende Argumente x (in Zeichen: $x \to +\infty$) bzw. für immer kleiner werdende x (in Zeichen: $x \to -\infty$) gibt es Funktionswerte, die immer dichter bei 1 liegen (in Zeichen: $\lim\limits_{x \to \infty} f(x) = 1$ bzw. $\lim\limits_{x \to -\infty} f(x) = 1$).

Zur Beschreibung der Konvergenz von Folgen ist bereits der Umgebungsbegriff benutzt worden (vgl. Band I, S. 31ff.). Mit Hilfe des Umgebungsbegriffs läßt sich das oben angesprochene Verhalten der Funktion f so beschreiben:

Definition 2.1: Eine Funktion $f\colon x \to f(x)$, $x \in \mathbb{D}_f$ heißt **konvergent für x gegen ∞ mit dem Grenzwert a** (in Zeichen: $\lim\limits_{x \to \infty} f(x) = a$) genau dann, wenn gilt:

Zu jedem $\varepsilon \in \mathbb{R}^+$ gibt es eine reelle Zahl r, so daß für alle $x \in \mathbb{D}_f$ mit $x > r$ gilt: $f(x) \in U_\varepsilon(a)$.

Eine Funktion $f\colon x \to f(x)$, $x \in \mathbb{D}_f$ heißt **konvergent für x gegen $-\infty$ mit dem Grenzwert a** (in Zeichen: $\lim\limits_{x \to -\infty} f(x) = a$) genau dann, wenn gilt:

Zu jedem $\varepsilon \in \mathbb{R}^+$ gibt es eine reelle Zahl r, so daß für alle $x \in \mathbb{D}_f$ mit $x < r$ gilt: $f(x) \in U_\varepsilon(a)$.

In Worten: Zu jeder (noch so kleinen) positiven Zahl ε gibt es eine Zahl r, so daß alle Argumente x größer als r (bzw. kleiner als r) Funktionswerte haben, die nicht weiter als ε vom Grenzwert entfernt liegen.

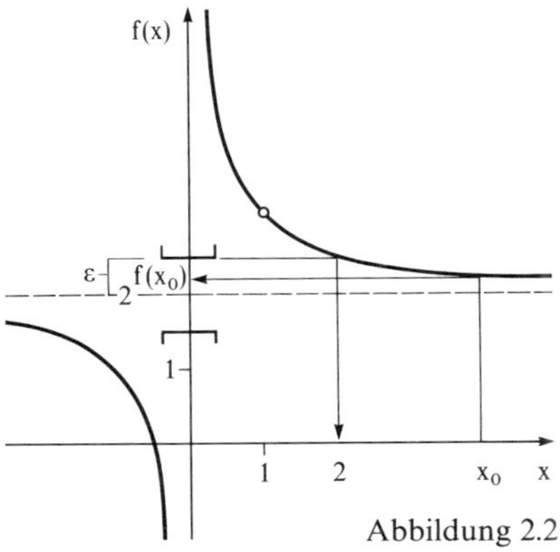

Abbildung 2.2

Beispiel 2:

$$f:\ x \to f(x) = \frac{2x^2 - x - 1}{x^2 - x} = 2 + \frac{x-1}{x^2 - x}$$

$$x \in \mathbb{R} \setminus \{0; 1\}.$$

Für diese Funktion gilt:

$$\lim_{x \to \infty} f(x) = \lim_{x \to \infty} \frac{2x^2 - x - 1}{x^2 - x} = 2.$$

Zu $\varepsilon = 0{,}5$ findet man $r = 2$:

$$f(x) \in U_{0,5}(2) \Leftrightarrow \left|\frac{2x^2 - x - 1}{x^2 - x} - 2\right| = \left|\left(2 + \frac{x-1}{x^2 - x}\right) - 2\right| < 0{,}5$$

$$\Leftrightarrow \left|\frac{x-1}{x^2 - x}\right| < 0{,}5.$$

Für $x \neq 1$ ist $\left|\frac{x-1}{x^2-x}\right| < 0{,}5 \Leftrightarrow \left|\frac{1}{x}\right| < 0{,}5 \Leftrightarrow x > 2 \vee x < -2.$

Beispiel 3:

$$f(x) = \frac{x+1}{x}, \quad \mathbb{D}_f = \mathbb{R} \setminus \{0\}.$$

Es ist $\lim\limits_{x \to \infty} f(x) = \lim\limits_{x \to -\infty} f(x) = 1.$

Beweis: Für $x \neq 0$ gilt:

$$\left|\frac{x+1}{x} - 1\right| = \left|\frac{1}{x}\right| < \varepsilon \Leftrightarrow |x| > \frac{1}{\varepsilon} \Leftrightarrow x > \frac{1}{\varepsilon} \vee x < -\frac{1}{\varepsilon}.$$

Für alle $x_I > \frac{1}{\varepsilon}$ ist also $f(x) \in U_\varepsilon(1) \Leftrightarrow \lim\limits_{x \to \infty} f(x_I) = 1;$

für alle $x_I < -\frac{1}{\varepsilon}$ ist $f(x) \in U_\varepsilon(1) \quad \Leftrightarrow \lim\limits_{x \to -\infty} f(x_I) = 1.$

Aufgabe 1: Gegeben sei die Funktion $f\colon x \to f(x) = \frac{2x-1}{5x+1}$, $x \neq -\frac{1}{5}$.

a) Bestimmen Sie die Asymptote dieser Funktion.
b) Schließen Sie von der Asymptote auf den Grenzwert g für $x \to \infty$.
c) Zeigen Sie, daß alle Funktionswerte zu $x > 3$ in $U_{0,1}(g)$ liegen.
d) Weisen Sie nach, daß der Grenzwert $g = \lim\limits_{x \to \infty} f(x)$ gleich $\frac{2}{5}$ ist.

Bemerkung: Die in Band I, Satz 2.5 für konvergente Folgen abgeleiteten Grenzwertsätze gelten in analoger Weise auch für Grenzwerte der Form $\lim\limits_{x \to \infty} f(x)$ und $\lim\limits_{x \to -\infty} f(x)$.

Satz 2.1: Seien $f, g\colon \mathbb{D} \to \mathbb{R}$ zwei Funktionen, wobei $\mathbb{D} \subseteq \mathbb{R}$ nicht nach oben (bzw. nach unten) beschränkt sei. Dann gilt:
Ist $\lim\limits_{x \to \infty} f(x) = a$, $\lim\limits_{x \to \infty} g(x) = b$ und $k \in \mathbb{R}$, so ist

$$\lim_{x \to \infty} (k \cdot f(x)) = k \cdot a,$$

$$\lim_{x \to \infty} (f(x) \pm g(x)) = a \pm b \quad \text{und}$$

$$\lim_{x \to \infty} (f(x) \cdot g(x)) = a \cdot b.$$

Ist $g(x) \neq 0$ für alle $x > x_0$ und $\lim\limits_{x \to \infty} g(x) \neq 0$, so ist

$$\lim_{x \to \infty} \frac{f(x)}{g(x)} = \frac{a}{b}.$$

Die entsprechenden Aussagen gelten für $\lim\limits_{x \to -\infty}$.

Ein Beispiel zur Anwendung dieser Sätze liefert die folgende Rechnung (s. auch die Beispiele im Band I, 3.9, S. 65ff.).

<u>*Beispiel 4:*</u>

$$f(x) = \frac{4x^2 - x + 3}{2x^2 + 3x - 1} = \frac{4 - \frac{1}{x} + \frac{3}{x^2}}{2 + \frac{3}{x} - \frac{1}{x^2}}$$

$\lim\limits_{x \to \infty} \frac{1}{x} = \lim\limits_{x \to -\infty} \frac{1}{x} = 0$; $\lim\limits_{x \to \infty} \frac{1}{x^2} = \lim\limits_{x \to -\infty} \frac{1}{x^2} = 0$; $\lim\limits_{x \to \infty} \frac{3}{x} = \lim\limits_{x \to -\infty} \frac{3}{x} = 0$ und $\lim\limits_{x \to \infty} \frac{3}{x^2}$ $= \lim\limits_{x \to -\infty} \frac{3}{x^2} = 0$, also $\lim\limits_{x \to \infty} f(x) = \lim\limits_{x \to -\infty} f(x) = \frac{4}{2} = 2$.

Aufgabe 2: Bestimmen Sie $\mathbb{D}_f$ und die Grenzwerte für $x \to \infty$ und $x \to -\infty$ mit Hilfe von Grenzwertsätzen:

a) $f(x) = \frac{2x^2 - 1}{3x^2 + 4x}$ b) $f(x) = \frac{x^4 - 16x^2 + 12}{16x - 4}$ c) $f(x) = \frac{2x + 5}{x^2 + 2}$

Aufgabe 3: Beweisen Sie: $\lim_{x \to -\infty} f(x) = \lim_{x \to \infty} f(-x)$.

Die Funktion aus Beispiel 2 hat noch eine weitere Besonderheit: An der Stelle $x_0 = 1$ hat der Funktionsgraph eine Lücke, 1 ist eine Definitionslücke dieser Funktion. Wir hatten sie in Band I, Definition 3.15 „hebbare Definitionslücke" genannt, weil der Punkt (1/3) den Graphen in dem Sinne vervollständigt, daß man ihn dann mit einem Bleistiftstrich – ohne abzusetzen – durchzeichnen kann. Diese Eigenschaft ist mit Hilfe des Folgenbegriffs anschaulich einsichtig zu fassen:

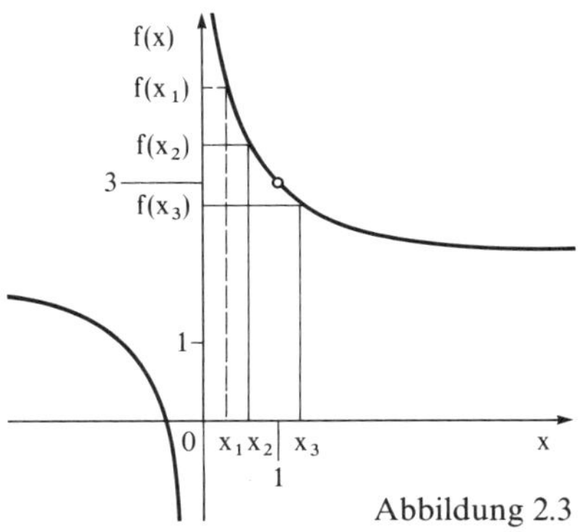

Abbildung 2.3

Betrachtet man eine Folge $\langle x_n \rangle$ von Argumenten aus dem Definitionsbereich $\mathbb{D}_f$, die immer näher bei $x_0 = 1$ liegen, so liegen die zugehörigen Funktionswerte immer dichter bei 3. Man sagt, die Funktion habe den Grenzwert 3, wenn x gegen 1 konvergiert.

Definition 2.2: Eine Funktion $f: x \to f(x)$, $x \in \mathbb{D}_f$ heißt **konvergent für x gegen x_0 mit dem Grenzwert a** (in Zeichen: $\lim_{x \to x_0} f(x) = a$) genau dann, wenn für jede Argumentwertfolge $\langle x_n \rangle$ mit $x_n \in \mathbb{D}_f$, $x_n \neq x_0$ und $\lim_{n \to \infty} x_n = x_0$ die zugehörige Funktionswertfolge $\langle f(x_n) \rangle$ gegen a konvergiert, also $\lim_{n \to \infty} f(x_n) = a$.

Für die Beispielfunktion gilt: $\lim_{x \to 1} \frac{2x^2 - x - 1}{x^2 - 1} = 3$.

Bemerkung: Die Stelle x_0 in Definition 2.2 kann zum Definitionsbereich von f gehören, muß es aber nicht. Die Funktion f muß nur in einer Umgebung $U(x_0)$, eventuell ohne x_0 selbst, definiert sein.

In Band I, 2.2 war der Konvergenzbegriff auch mit dem Umgebungsbegriff gefaßt worden. Wir hatten gesagt: Eine Folge konvergiert gegen einen Grenzwert a, wenn es zu jeder Umgebung U(a) einen Index n_0 gibt, so daß alle weiteren Folgenglieder in U(a) liegen. Entsprechend kann man auch die Konvergenz einer Funktion beschreiben:

Definition 2.3: Eine Funktion f: $x \to f(x)$, $x \in \mathbb{D}_f$ heißt **konvergent für x gegen x_0 mit dem Grenzwert a** (in Zeichen: $\lim\limits_{x \to x_0} f(x) = a$) genau dann, wenn es zu jeder Umgebung V(a) um a eine Umgebung $U(x_0)$ um x_0 gibt, so daß alle x aus $U(x_0)$, die im Definitionsbereich $\mathbb{D}_f$ liegen, einen Funktionswert haben, der in V(a) liegt.

Veranschaulichung der Definition 2.3

am Beispiel 2: $f(x) = \dfrac{2x^2 - x - 1}{x^2 - x}$

Zu jeder Umgebung V(3) findet man eine Umgebung U(1) gemäß Definition 2.3.

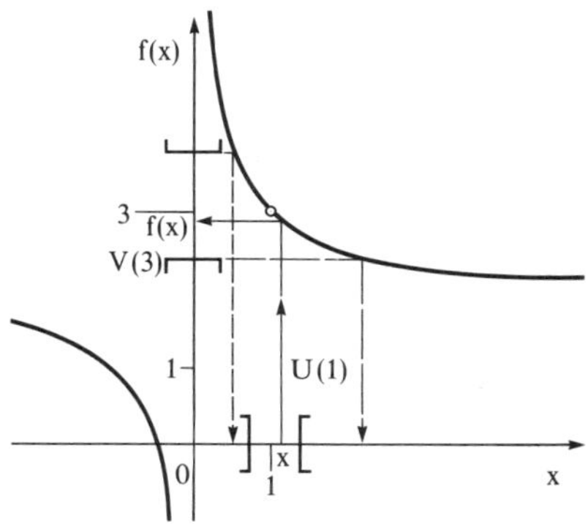

Abbildung 2.4

Zur Beschreibung der Konvergenz reicht es aus, wie wir aus dem Kapitel „Folgen“, Band I wissen, sich auf symmetrische Umgebungen zu beschränken. Dann erhält man eine rechnerisch leicht zu handhabende Fassung der Definition:

Definition 2.3*: Eine Funktion f: $x \to f(x)$, $x \in \mathbb{D}_f$ heißt **konvergent für x gegen x_0 mit dem Grenzwert a** (in Zeichen $\lim\limits_{x \to x_0} f(x) = a$) genau dann, wenn es zu jedem $\varepsilon \in \mathbb{R}^+$ ein $\delta \in \mathbb{R}^+$ gibt mit $|x - x_0| < \delta \Rightarrow |f(x) - a| < \varepsilon$ (für $x \in \mathbb{D}_f$).

Man beachte, daß $|x - x_0| < \delta$ gleichbedeutend ist mit $x \in U_\delta(x_0)$.
Bei der Bestimmung von Funktionsgrenzwerten leisten wieder die Grenzwertregeln wertvolle Hilfe:

Satz 2.2: Seien f, g auf einer Umgebung $U(x_0)$, eventuell mit Ausnahme von x_0 selbst, definierte Funktionen.
Ist $\lim\limits_{x \to x_0} f(x) = a$, $\lim\limits_{x \to x_0} g(x) = b$ und $k \in \mathbb{R}$, dann gilt:

$$\lim_{x \to x_0} (k \cdot f(x)) = k \cdot a; \quad \lim_{x \to x_0} (f(x) \pm g(x)) = a \pm b; \quad \lim_{x \to x_0} (f(x) \cdot g(x)) = a \cdot b.$$

Ist $g(x) \neq 0$ für alle $x \in U(x_0)$ und $\lim\limits_{x \to x_0} g(x) \neq 0$, so ist $\lim\limits_{x \to x_0} \dfrac{f(x)}{g(x)} = \dfrac{a}{b}$.

<u>*Beispiel 5:*</u>

$$f(x)=\frac{x^3-2x^2-3x+6}{x-2}; \quad \mathbb{D}_f=\mathbb{R}\setminus\{2\}.$$

Wir fragen nach $\lim\limits_{x\to 2} f(x)$.

Für $x \neq 2$ liefert die Division von Zähler und Nenner durch $x-2$: $f(x)=x^2-3$. Bei der Grenzwertbildung ist $x \neq 2$ (s. Definition 2.2). Es folgt: $\lim\limits_{x\to 2} f(x)=1$.

Aufgabe 4: Bestimmen Sie die Grenzwerte:

a) $\lim\limits_{x\to 4} \frac{x^2-11x+28}{x^2-2x-8}$ b) $\lim\limits_{x\to -3} \frac{x^3+12x^2+45x+54}{x^3-27x-54}$

Beschreibt man aus rechentechnischen Gründen die Konvergenz von Funktionen mit einer Hilfsgröße h, $h=x-x_0$, so erhält man die folgende Definition:

Definition 2.4: Eine Funktion f: $x \to f(x)$, $x \in \mathbb{D}_f$ heißt **konvergent für x gegen x_0 mit dem Grenzwert a** (in Zeichen: $\lim\limits_{h\to 0} f(x_0+h)=a$) genau dann, wenn für jede Nullfolge $\langle h_n \rangle$ die Folge $\langle f(x_0+h_n)\rangle$ gegen a konvergiert.

Bemerkung: Definition 2.4 ist gleichwertig zu Definition 2.2.

Aufgabe 5: Benutzen Sie die Definition 2.4 um nachzuweisen, daß gilt: $\lim\limits_{x\to 3} \frac{3}{x+3}=\frac{1}{2}$.

Eine Funktion f, die an einer Definitionslücke x_0 einen Funktionsgrenzwert a besitzt, nennt man **stetig ergänzbar an der Stelle x_0**. Die Funktion

$$f^*: x \to f^*(x)=\begin{cases} f(x) & \text{für } x \in \mathbb{D}_f \\ a & \text{für } x=x_0 \end{cases}$$

heißt **stetige Ergänzung der Funktion f**. Das bedeutet für den Graphen von f*, daß er im Gegensatz zu f an der Stelle x_0 keine Lücke mehr hat, sondern durch den Punkt (x_0/a) ergänzt wird.

Die Funktion f mit $f(x)=\frac{2x^2-x-1}{x^2-x}$ aus Beispiel 2 ist stetig ergänzbar an der Stelle 1; stetige Ergänzung dieser Funktion ist die Funktion:

$$f^*(x): x \to f^*(x)=\begin{cases} \frac{2x^2-x-1}{x^2-x} & \text{für } x \neq 0 \text{ und } x \neq 1 \\ 3 & \text{für } x=1. \end{cases}$$

Es gilt: $f^*(x)=2+\frac{1}{x}$ (vgl. Band I, 3.9, S. 63ff.).

Eine Funktion muß nicht an einer Definitionslücke x_0 einen Funktionswert besitzen: Die Beispielfunktion besitzt an der Stelle 0 eine Polstelle, hat dort also keinen Grenzwert. Manche Schulbücher benutzen hier den Begriff **uneigentlicher Grenzwert** (vgl. hierzu Band I, 3.9, S. 63ff.).

Es gibt auch Funktionen, die an einer Stelle x_0 ihres Definitionsbereiches keinen Grenzwert besitzen, obwohl sie dort beschränkt bleiben.

Beispiel 6: Die Heavisidefunktion (vgl. Band I, 3.11)

$$H: x \to H(x) = \begin{cases} 1 & \text{für } x > 0 \\ 0 & \text{für } x \leq 0 \end{cases}$$

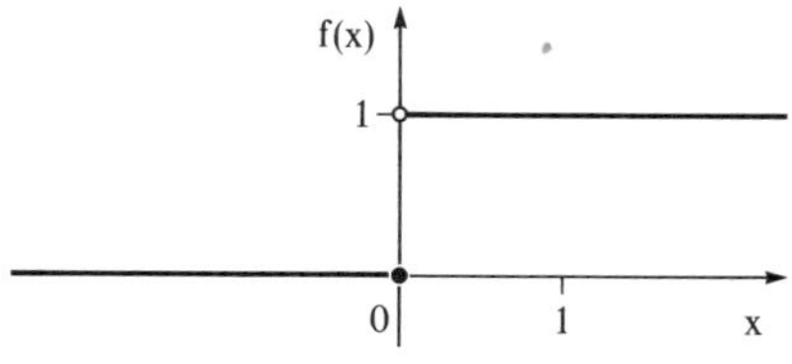

Abbildung 2.5

besitzt an der Stelle 0 keinen Grenzwert: Für alle Argumente links von 0 (also $x<0$) gilt $f(x)=0$, für alle rechts von 0 gilt $f(x)=1$. Betrachten Sie die Folge $\langle x_n \rangle = \left\langle \frac{(-1)^n}{n} \right\rangle$. Es ist $x_n \neq 0$ für alle n und $\lim x_n = 0$, aber die Folge $\langle H(x_n) \rangle$ hat keinen Grenzwert.

Beschränkt man sich bei den Überlegungen zu den Definitionen 2.2–2.4 jeweils nur auf Argumente, die alle kleiner (oder alle größer) sind als x_0, so erhält man den Begriff „Einseitiger Grenzwert an der Stelle x_0". Die Heavisidefunktion besitzt z.B. an der Stelle 0 den

rechten Grenzwert 1 (in Zeichen: $R-\lim\limits_{x \to 0} H(x) = 1$)

linken Grenzwert 0 (in Zeichen: $L-\lim\limits_{x \to 0} H(x) = 0$).

Bemerkung: Eine Stelle x_0 des Definitionsbereichs, an der der rechte Grenzwert ungleich dem linken Grenzwert ist, also $R-\lim\limits_{x \to x_0} f(x) \neq L-\lim\limits_{x \to x_0} f(x)$, heißt **Sprungstelle** der Funktion.

Beispiel 7: Für die Signum-Funktion (vgl. Band I, 3.11)

$$\operatorname{sgn}: x \to \operatorname{sgn}(x) = \begin{cases} 1 & \text{für } x > 0 \\ 0 & \text{für } x = 0 \\ -1 & \text{für } x < 0 \end{cases}$$

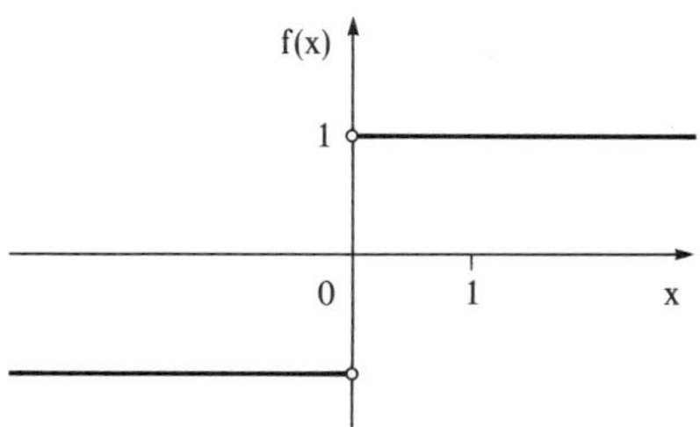

Abbildung 2.6

gilt:

$$R-\lim_{x \to 0} \operatorname{sgn}(x) = 1, \quad L-\lim_{x \to 0} \operatorname{sgn}(x) = -1, \quad \operatorname{sgn}(0) = 0.$$

Hier sind also beide einseitigen Grenzwerte verschieden und beide ungleich dem Funktionswert an der Stelle 0; 0 ist Sprungstelle der Signum-Funktion.

Bemerkung: Man kann sich überlegen, daß eine Funktion f an einer Stelle x_0 genau dann einen Grenzwert hat, wenn sie dort einen rechtsseitigen und einen linksseitigen Grenzwert hat und diese beiden einseitigen Grenzwerte übereinstimmen.

Es gibt auch Funktionen, bei denen an einer Stelle x_0 rechter und linker Grenzwert übereinstimmen, die also an der Stelle x_0 einen Grenzwert besitzen, dieser jedoch nicht mit dem Funktionswert $f(x_0)$ an dieser Stelle übereinstimmt:

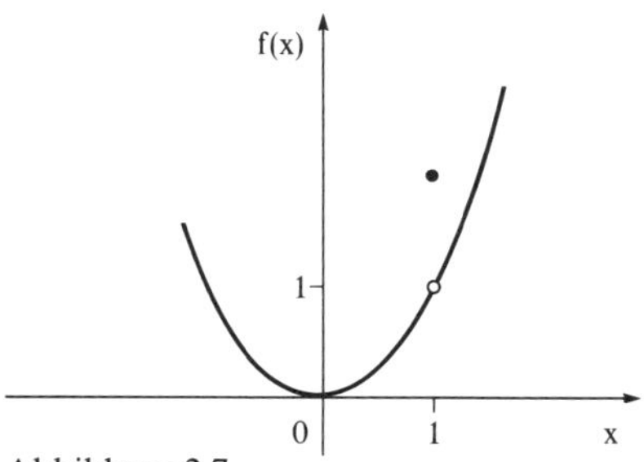

Abbildung 2.7

Beispiel 8: Für die Funktion

$$f\colon\ x \to f(x) = \begin{cases} \dfrac{x^3 - x^2}{x-1} & \text{für } x \neq 1 \\ 2 & \text{für } x = 1 \end{cases}$$

gilt: $\lim\limits_{x \to 1} f(x) = 1 \neq 2 = f(1)$.

Für die weitere Behandlung der Analysis sind die Funktionen von Interesse, die an einer Stelle x_0 einen Grenzwert a besitzen, der überdies gleich dem Funktionswert $f(x_0)$ ist. Diese Eigenschaft einer Funktion nennt man Stetigkeit. Sie wird im nächsten Abschnitt behandelt.

2.2 Stetigkeit

Definition 2.5: Eine Funktion $f\colon x \to f(x),\ x \in \mathbb{D}_f$ heißt **stetig an der Stelle $x_0 \in \mathbb{D}_f$** genau dann, wenn $\lim\limits_{x \to x_0} f(x) = f(x_0)$ ist, wenn also für jede Argumentwertfolge, die gegen x_0 konvergiert, die zugehörige Funktionswertfolge gegen $f(x_0)$ konvergiert.

Beispiel 9:

a) $f_1\colon\ x \to f_1(x) = \begin{cases} 1 + x & \text{für } x \leq 0 \\ \dfrac{1}{x} & \text{für } x > 0 \end{cases}$

b) $f_2\colon\ x \to f_2(x) = x^2 + 1,\ x \in \mathbb{R}$

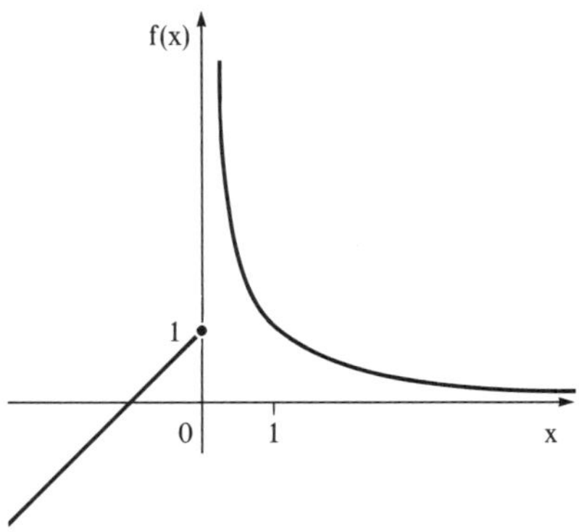

Abbildung 2.8 a

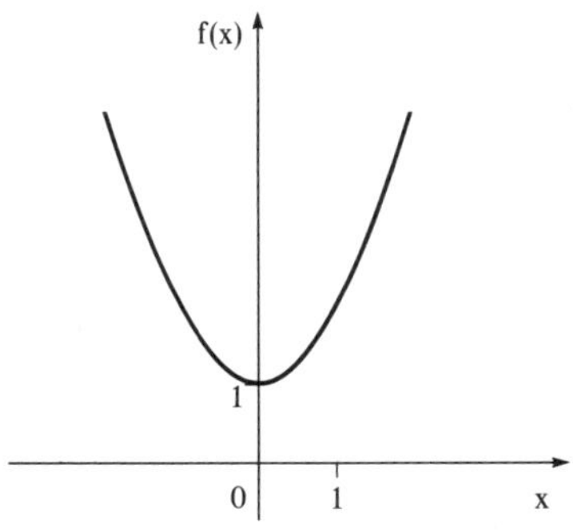

Abbildung 2.8 b

Zu a): Nicht jede gegen $x_0 = 0$ konvergente Argumentwertfolge besitzt bezüglich der Funktion f_1 eine konvergente Funktionswertfolge. Zwar hat die Funktion f_1 an der Stelle 0 den linken Grenzwert 1 (der sogar gleich dem Funktionswert f(0) an dieser Stelle ist), jedoch haben Argumentwertfolgen mit unendlich vielen Gliedern größer als 0 Funktionswertfolgen, die nicht konvergieren.

Zu b): Jede Argumentwertfolge, die gegen $x_0 = 0$ konvergiert, besitzt bei der Parabel f_2 eine Funktionswertfolge, die gegen $1 = f(0) = f(x_0)$ konvergiert. Die Funktion f_2 ist also stetig an der Stelle $x_0 = 0$.

Aufgabe 6: Weisen Sie mit Hilfe der Definition 2.5 und der Grenzwertsätze für Folgen (vgl. Satz 2.2 und Band I, Satz 2.5) nach, daß die Funktion $f(x) = \frac{3x^2+1}{x^2+2}$, $\mathbb{D}_f = \mathbb{R}$, an der Stelle $x_0 = 2$ stetig ist.

Mehrmals haben wir nun schon den Grenzwertbegriff mit Hilfe des Umgebungsbegriffs beschrieben. Gibt man sich für eine an der Stelle x_0 stetige Funktion f eine Umgebung V um den Funktionswert $f(x_0)$ vor, so gibt es zu jeder Funktionswertfolge, die gegen $f(x_0)$ konvergiert, ein N, so daß alle weiteren Folgenglieder x_n $(n > N)$ in $V(f(x_0))$ liegen. Deren erzeugenden Elemente aus den Argumentwertfolgen liegen wahrscheinlich in unterschiedlich großen Umgebungen U um x_0. Wählt man sich von diesen die kleinste (U_{min}) aus, so ist sicher die Bedingung erfüllt, daß die Funktionswerte der Argumente aus U_{min} aller Argumentwertfolgen in $V(f(x_0))$ liegen. Daher muß man zu jeder Umgebung V um den Funktionswert $f(x_0)$ eine passende Umgebung U um x_0 suchen.

Für die Definition der Stetigkeit einer Funktion f an einer Stelle x_0 ergibt sich damit:

Definition 2.6: Eine Funktion f: $x \to f(x)$, $x \in \mathbb{D}_f$ heißt **stetig an der Stelle $x_0 \in \mathbb{D}_f$** genau dann, wenn es zu jeder Umgebung V um $f(x_0)$ eine Umgebung U um x_0 gibt mit $f(U) \subseteq V$. Dabei ist $f(U) = \{f(x) | x \in U \cap \mathbb{D}_f\}$.

Untersuchung der Funktionen aus Beispiel 9 nach Definition 2.6:

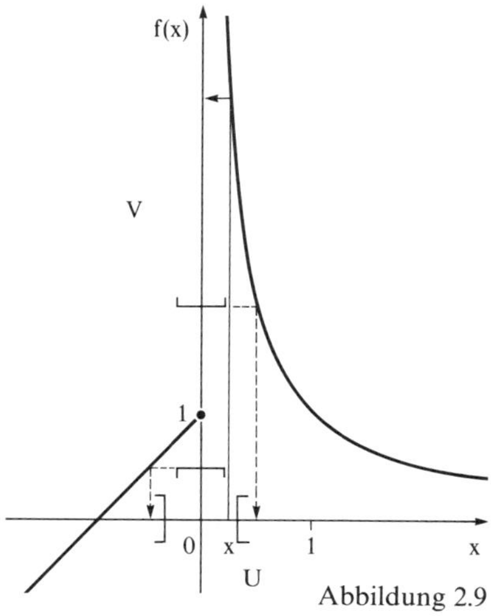

Abbildung 2.9

a) $f_1(x)=\begin{cases} 1+x & \text{für } x\leq 0 \\ \frac{1}{x} & \text{für } x>0 \end{cases}$; $x_0=0$.

Hier gibt es eine Umgebung um $f(x_0)=1$ (z.B. $V=[0{,}5;\,2]$), zu der man keine Umgebung U um $x_0=0$ finden kann, die die Bedingung der Definition 2.6 erfüllt: Da eine Umgebung U um 0 immer Zahlen $x_1>0$ enthalten muß, gilt nicht $f(U)\subseteq V$, denn z.B. für $x_1=0{,}25$ gilt $f(x_1)=4$ und damit gibt es in jeder Umgebung um $x_0=0$ Zahlen, deren Funktionswerte nicht in V liegen.
Die Funktion $f_1(x)$ ist also nicht stetig an der Stelle $x_0=0$.

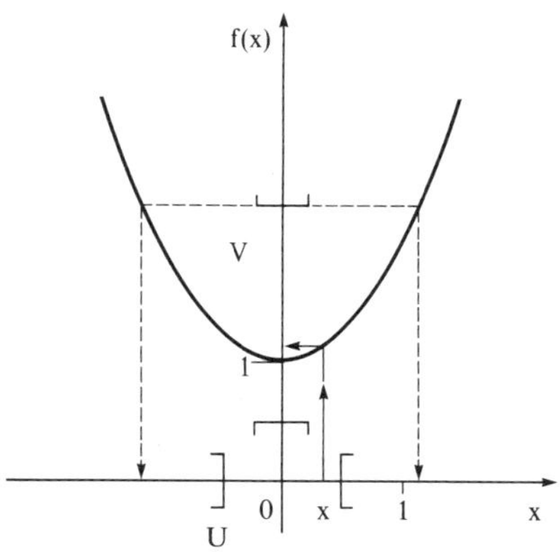

b) $f_2(x)=x^2+1$; $x_0=0$

Wählt man sich eine Umgebung V um $f(x_0)=1$, so kann man immer eine Umgebung U um $x_0=0$ finden, so daß jede Zahl aus U einen Funktionswert in V hat: $f(U)\subseteq V$.

Abbildung 2.10

In jede Umgebung läßt sich eine symmetrische Umgebung legen (und umgekehrt): Für $V=[0{,}5;\,2]$ um 1 findet man z.B.

$$V_{0,5}(1)=[1-0{,}5;\,1+0{,}5]=[0{,}5;\,1{,}5].$$

Damit läßt sich auch definieren:

Definition 2.6*: Eine Funktion $f\colon x\to f(x)$, $x\in\mathbb{D}_f$ heißt **stetig an der Stelle $x_0\in\mathbb{D}_f$** genau dann, wenn es zu jedem $V_\varepsilon(f(x_0))$ eine Umgebung $U_\delta(x_0)$ gibt mit $f(U_\delta(x_0))\subseteq V_\varepsilon(f(x_0))$.

Symmetrische Umgebungen sind durch den Betrag charakterisiert: $x\in U_\delta(x_0) \Leftrightarrow |x_0-x|<\delta$ (für jede Zahl x in $U_{0,5}(0)=[-0{,}5;\,0{,}5]$ gilt: $|0-x|<0{,}5$).

Damit läßt sich die Definition der Stetigkeit auch folgendermaßen schreiben:

> **Definition 2.6**:** Eine Funktion $f: x \to f(x),\ x \in \mathbb{D}_f$ heißt **stetig an der Stelle** $\mathbf{x_0 \in \mathbb{D}_f}$ genau dann, wenn es zu jedem $\varepsilon \in \mathbb{R}^+$ eine Zahl $\delta \in \mathbb{R}^+$ gibt, so daß gilt: $|x - x_0| < \delta \Rightarrow |f(x) - f(x_0)| < \varepsilon$.

Untersuchung der Funktionen aus Beispiel 9 nach Definition 2.6**:
b) $f_2(x) = x^2 + 1$ an der Stelle $x_0 = 0$:

Nachzuweisen: Zu jedem $\varepsilon \in \mathbb{R}^+$ gibt es ein $\delta \in \mathbb{R}^+$, so daß gilt:

$$|x - 0| < \delta \Rightarrow |f(x) - f(x_0)| = |x^2 + 1 - 1| < \varepsilon.$$

Zu jedem ε muß man also ein δ finden. Im folgenden möchten wir dies für $\varepsilon = 0{,}1$ und **parallel** dazu für allgemeine ε beweisen.

Beispiel: $\varepsilon = 0{,}1$	*allgemein*
$\quad |x^2 + 1 - 1| < 0{,}1$	$\quad |x^2 + 1 - 1| < \varepsilon$
$\Rightarrow \quad |x^2| < 0{,}1$	$\Rightarrow \quad |x^2| < \varepsilon$
$\Rightarrow \quad x^2 < 0{,}1$	$\Rightarrow \quad x^2 < \varepsilon$
$\Rightarrow \quad |x| < \sqrt{0{,}1}$	$\Rightarrow \quad |x| < \sqrt{\varepsilon}$

Zu einer beliebig vorgegebenen positiven Zahl ε findet man hier also ein δ mit $\delta \leq \sqrt{\varepsilon}$, so daß die Bedingung aus Definition 2.6** erfüllt ist:

$\quad |x - 0| < \delta \leq \sqrt{0{,}1}$	$\quad |x - 0| < \delta \leq \sqrt{\varepsilon}$
$\Rightarrow \quad |x| < \sqrt{0{,}1}$	$\Rightarrow \quad |x| < \sqrt{\varepsilon}$
$\Rightarrow \quad x^2 < 0{,}1$	$\Rightarrow \quad x^2 < \varepsilon$
$\Rightarrow \quad |x^2 + 1 - 1| < 0{,}1$	$\Rightarrow \quad |x^2 + 1 - 1| < \varepsilon$
$\Rightarrow \quad |f(x) - f(x_0)| < 0{,}1$	$\Rightarrow \quad |f(x) - f(x_0)| < \varepsilon$

Die Funktion $f_2(x) = x^2 + 1$ ist also stetig an der Stelle $x_0 = 0$.

a) $f_1(x) = \begin{cases} 1 + x & \text{für } x < 0 \\ \frac{1}{x} & \text{für } x > 0 \end{cases}$ ist nicht stetig an der Stelle $x_0 = 0$.

Wäre f_1 stetig, dann müßte man zu jedem $\varepsilon > 0$ ein $\delta > 0$ finden, so daß die Bedingung der Definition 2.6** erfüllt sind. Sei $\varepsilon = 0{,}5$. Zu diesem ε kann kein $\delta \in \mathbb{R}^+$ gefunden werden, denn wir wissen, daß in der Nähe von 0 positive Zahlen liegen, deren Funktionswerte sicher größer als $f(0) + \varepsilon = 1 + 0{,}5$ sind, also der Bedingung $|f(x) - f(x_0)| < \varepsilon$ nicht genügen.

Bedient man sich zur Beschreibung der Stetigkeit wieder einer Hilfsgröße h, so erhält man:

Definition 2.6*:** Eine Funktion f: $x \to f(x)$, $x \in \mathbb{D}_f$ heißt **stetig an der Stelle** $\mathbf{x_0} \in \mathbb{D}_f$ (in Zeichen: $\lim\limits_{h \to 0} f(x_0+h) = f(x_0)$) genau dann, wenn für jede Nullfolge $\langle h_n \rangle$ die Folge $\langle f(x_0+h_n) \rangle$ gegen $f(x_0)$ konvergiert.

Beispiel 10: Die Sinusfunktion ist stetig für alle $x \in \mathbb{R}$.

Nachzuweisen ist, daß $\lim\limits_{h \to 0} \sin(x+h) = \sin x$ gilt für alle $x \in \mathbb{R}$.
Es ist $\sin(x+h) = \sin x \cdot \cos h + \cos h \cdot \sin h$. Damit reduzieren sich die Überlegungen auf die Bestimmung von
1) $\lim\limits_{h \to 0} \sin h$ und 2) $\lim\limits_{h \to 0} \cos h$, also zunächst auf die Frage nach der Stetigkeit der Sinusfunktion an der Stelle 0.

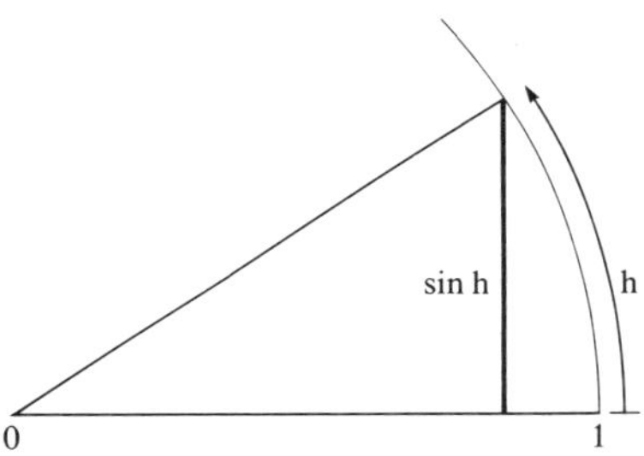

Abbildung 2.11

Im Einheitskreis findet man die Beziehung $0 \le \sin h \le h$ für Winkel h mit $0 \le h \le 0{,}5\pi$ und mit dem Einschließungskriterium (s. Band I, Satz 2.8):

$$0 = \lim_{h \to 0} 0 \le \lim_{h \to 0} \sin h \le \lim_{h \to 0} h = 0$$

$$\Rightarrow \lim_{h \to 0} \sin h = 0.$$

Auch für $h < 0$ findet man eine Einschachtelung: Mit $h^* = (-h) > 0$ gilt:

$$0 \le \sin h^* \le h^*$$

und damit

$$0 \le \sin(-h) \le (-h) \Leftrightarrow 0 \le -\sin h \le -h \Leftrightarrow 0 \ge \sin h \ge h,$$

also wie oben: $\lim\limits_{h \to 0} \sin h = 0$.

Somit ist die Sinusfunktion an der Stelle 0 stetig.
Mit der gleichen Abschätzung $\sin h \le h$ findet man für $\cos h$ die Einschachtelung

$$1 \ge \cos h = \sqrt{1-\sin^2 h} \ge \sqrt{1-h^2}$$

und damit wieder mit dem Einschließungskriterium

$$1 = \lim_{h \to 0} 1 \ge \lim_{h \to 0} \cos h \ge \lim_{h \to 0} \sqrt{1-h^2} = 1$$

und somit auch die Stetigkeit der Kosinusfunktion an der Stelle 0 mit $\lim\limits_{h \to 0} \cos h = 1$.

Zusammenfassend ergibt sich:

$$\lim_{h\to 0} \sin(x+h) = \lim_{h\to 0}(\sin x \cdot \cos h + \cos x \cdot \sin h)$$
$$= \sin x \cdot \lim_{h\to 0} \cos h + \cos x \cdot \lim_{h\to 0} \sin h$$
$$= \sin x \cdot 1 + \cos x \cdot 0$$
$$= \sin x,$$

also die Stetigkeit der Sinusfunktion auf ganz $\mathbb{R}$.

Zur einfacheren Beschreibung erweitert man den lokalen (also auf eine Stelle x_0 bezogenen) Begriff der Stetigkeit:

Definition 2.7: Eine Funktion f: $x \to f(x)$, $x \in \mathbb{D}_f$ heißt **stetig über einem (abgeschlossenen) Intervall [a; b]** genau dann, wenn f für jedes x_0 aus dem Inneren des Intervalls (also $a < x_0 < b$) stetig ist und die Funktionswerte der Randstellen a und b einseitige Grenzwerte der Funktion sind, also wenn gilt: $R - \lim_{x\to a} f(x) = f(a)$ und $L - \lim_{x\to b} f(x) = f(b)$.

Stetige Funktionen haben eine schöne Eigenschaft: Sie können keine Sprünge haben. Wenn man ihre Graphen zeichnen kann, dann sind sie auch mit einem durchgehenden Bleistiftstrich ohne abzusetzen zu zeichnen.

2.3 Vererbung von Stetigkeit

Aus der Definition der Stetigkeit und dem Satz 2.2 folgt:

Satz 2.3: Sind zwei Funktionen f_1 und f_2 stetig, so sind auch die Funktionen $k \cdot f_1$, $f_1 + f_2$, $f_1 - f_2$ und $f_1 \cdot f_2$ stetig.
Gilt ferner $f_2(x_0) \neq 0$ oder $f_2(x) \neq 0$ für alle $x \in I = [a; b]$, so ist auch $\frac{f_1}{f_2}$ stetig (lokal in x_0 oder über I).

Die konstante Funktion $f(x) = a$ und die lineare Funktion $f(x) = x$ sind stetig. Mit Hilfe des Satzes 2.3 läßt sich dann beweisen:

Satz 2.4: Alle ganzrationalen und alle gebrochenrationalen Funktionen sind an jeder Stelle ihres Definitionsbereichs stetig.

Aufgabe 7: Weisen Sie die Stetigkeit der Funktion $f(x) = 3x^4 + 6x^3 + 1$ mit Hilfe des Satzes 2.3 explizit nach.

Neben der Verknüpfung von Funktionen durch die arithmetischen Rechenoperationen haben wir die Verkettung von Funktionen betrachtet. Der folgende Satz zeigt, daß sich die Stetigkeit zweier Funktionen f_1, f_2 auf die Verkettung $f_1 \circ f_2$ überträgt, genauer:

Satz 2.5: Sind zwei Funktionen f_1 und f_2 stetig (f_1 an x_0 und f_2 an $f_1(x_0)$), so ist auch die Verkettung $f_1 \circ f_2$ stetig (an der Stelle x_0).

Wir wollen diese Sätze an Beispielen anwenden:

Beispiel 11: Die Funktion $f(x)=\sqrt{x}$ ist stetig in jedem $x \in \mathbb{R}_0^+$.

Beweis: Sei $x_0 \in \mathbb{R}_0^+$ und $\langle x_n \rangle$, $x_n \in \mathbb{R}_0^+$ eine beliebige Folge mit $\lim\limits_{n\to\infty} x_n = x_0$.
Zu zeigen ist $\lim\limits_{n\to\infty} \sqrt{x_n} = \sqrt{x_0}$.
Es ist

$$|\sqrt{x_n}-\sqrt{x_0}| = \left|\frac{(\sqrt{x_n}-\sqrt{x_0})(\sqrt{x_n}+\sqrt{x_0})}{\sqrt{x_n}+\sqrt{x_0}}\right| = \left|\frac{x_n-x_0}{\sqrt{x_n}+\sqrt{x_0}}\right|$$
$$\leq \frac{|x_n-x_0|}{\sqrt{x_0}},$$

weil stets $\sqrt{x_n}+\sqrt{x_0} \geq \sqrt{x_0}$ ist. Nach den Grenzwertregeln (Satz 2.2) gilt somit:

$$\lim_{x_n\to x_0} |\sqrt{x_n}-\sqrt{x_0}| \leq \lim_{x_n\to x_0} \frac{|x_n-x_0|}{\sqrt{x_0}} = \frac{1}{\sqrt{x_0}} \cdot \lim_{x_n\to x_0} |x_n-x_0| = 0,$$

also $\lim\limits_{x_n\to x_0} |\sqrt{x_n}-\sqrt{x_0}|=0$, also $\lim\limits_{x_n\to x_0} (\sqrt{x_n}-\sqrt{x_0})=0$, also $\lim\limits_{x_n\to x_0} \sqrt{x_n}=\sqrt{x_0}$.

Beispiel 12: Die Kosinusfunktion ist stetig für jedes $x \in \mathbb{R}$.

Beweis: Mit der Stetigkeit der Wurzelfunktion (s. Beispiel 11) und der Stetigkeit der Sinusfunktion (vgl. Beispiel 10) folgt mit den Sätzen 2.3 und 2.5: $f(x)=\cos x=\sqrt{1-\sin^2 x}$ ist stetig für jedes $x \in \mathbb{R}$.
Mit Hilfe des Satzes 2.5 beweist man somit unter Benutzung von Umformungen die Stetigkeit aller trigonometrischen Funktionen aus der Stetigkeit der Sinusfunktion. Ebenso kann man die Stetigkeit aller Exponentialfunktionen aus der Stetigkeit von e^x herleiten (vgl. Band I, 3.7).

Die Stetigkeit der Wurzelfunktion $f(x)=\sqrt{x}$ (vgl. Beispiel 11) hätte man auch aus der Stetigkeit der Quadratfunktion $f(x)=x^2$ herleiten können, denn für $x \in \mathbb{R}^+$ ist die Wurzelfunktion die Umkehrfunktion der Quadratfunktion (vgl. Band I, 3.6). Es gilt:

Satz 2.6: Ist f eine stetige Funktion über einem Intervall I so ist auch die Umkehrfunktion, sofern sie existiert, stetig über dem Intervall f(I).

Dieser Satz sichert die Stetigkeit der Logarithmusfunktionen. Mit diesem Satz 2.6 ist natürlich auch eine Aussage über die lokale Stetigkeit einer Umkehrfunktion gemacht: Ist f^{-1} Umkehrfunktion einer Funktion f, die stetig ist an der Stelle x_0, dann ist f^{-1} stetig an der Stelle $f(x_0)$.

2.4 Sätze über stetige Funktionen

Wir hatten gesagt, daß stetige Funktionen die schöne Eigenschaft besitzen, daß ihre Graphen keine Sprünge haben. Das ist die Aussage des „Zwischenwertsatzes“:

Satz 2.7 (Zwischenwertsatz): Sei $f: x \to f(x)$, $x \in \mathbb{D}_f$ stetig über $[a; b]$. Zu jedem c mit $f(a) < c < f(b)$ (oder $f(b) < c < f(a)$) gibt es (mindestens) ein $x_0 \in [a; b]$ mit $f(x_0) = c$.

Eine über $I = [a; b]$ stetige Funktion nimmt über I also jede Zahl zwischen f(a) und f(b) als Funktionswert an (s. Abbildung 2.12).

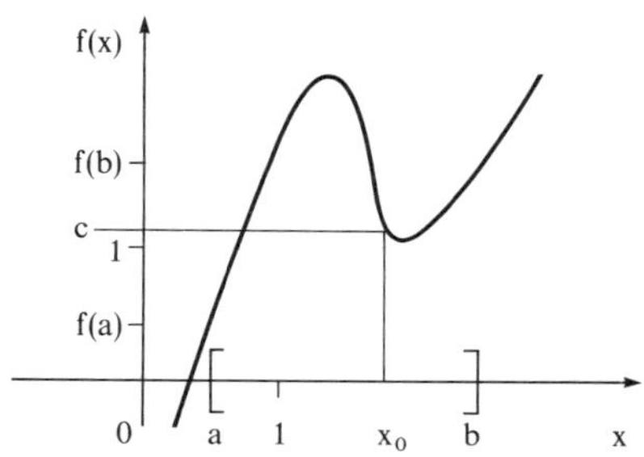

Abbildung 2.12

Insbesondere sichert der Zwischenwertsatz die Existenz von Nullstellen stetiger Funktionen.

Beispiel 13: Gesucht ist eine Nullstelle von $f(x) = x^2 - 2$.
Da $f(1) = -1 < 0$ und $f(2) = 2 > 0$ ist und f stetig ist, existiert eine Nullstelle von f zwischen 1 und 2; wir haben sie $\sqrt{2}$ genannt. Näherungswerte findet man über eine Intervallschachtelung bei wiederholter Anwendung des Zwischenwertsatzes.

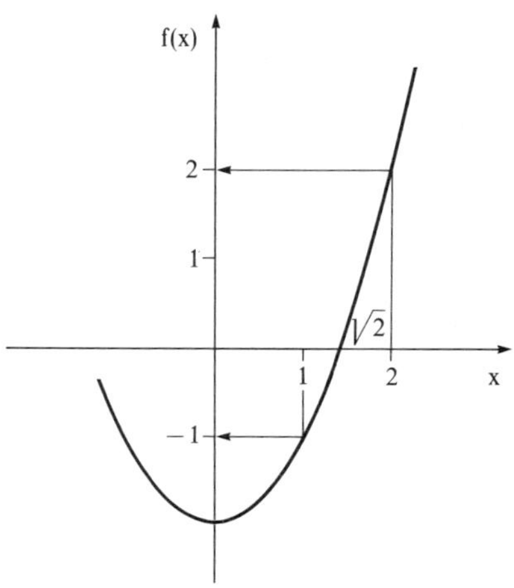

Abbildung 2.13

Da über einem Intervall stetige Funktionen an jeder Stelle des Intervalls definiert sind, dort also auch keine Polstellen haben können, sind diese Funktionen dort auch beschränkt. Es gibt also Zahlen S_u und S_o mit $S_u \leq f(x) \leq S_o$ für alle x aus dem Intervall. Bei stetigen Funktionen werden diese Schranken über einem abgeschlossenen Intervall als Funktionswerte wirklich angenommen:

Satz 2.8: Sei $f: x \to f(x)$, $x \in \mathbb{D}_f$ stetig über $[a; b]$.
Dann gibt es (mindestens) eine Stelle $u \in [a; b]$ mit $f(u) \geq f(x)$ für alle $x \in [a; b]$.
Man nennt dann f(u) das Maximum von f über $[a; b]$.
Ebenso gibt es (mindestens) eine Stelle $v \in [a; b]$ mit $f(v) \leq f(x)$ für alle $x \in [a; b]$.
Man nennt dann f(v) das Minimum von f über $[a; b]$.

Aufgabe 8: Begründen Sie am Beispiel der Funktion $f(x) = x$ (mit $\mathbb{D}_f = [0; 1[$), daß f(x) ihr Maximum auf dem Intervall $[0; 1[$ nicht annimmt, daß also die Voraussetzung des abgeschlossenen Intervalls in Satz 2.8 wesentlich ist.

Abschlußtest

Aufgabe 1: Bestimmen Sie die folgenden Grenzwerte:

a) $\lim\limits_{x \to \infty} \dfrac{2x^2 - 3x + 4}{x^2 + 2x - 3}$ b) $\lim\limits_{x \to 1} \dfrac{1 - x^3}{1 - x}$

Aufgabe 2: Begründen Sie: Die Funktion

$$x \to f(x) = \begin{cases} 1 & \text{für } x \in \mathbb{Q} \\ 0 & \text{für } x \in \mathbb{R} \setminus \mathbb{Q} \end{cases}$$

ist an jeder Stelle unstetig.

Aufgabe 3: Gegeben sei die Funktion $f(x) = \dfrac{(x-3)(x^2-1)}{(x-1)^2(x^2-9)}$

a) Geben Sie $\mathbb{D}_f$ an.
b) Unterscheiden Sie die Definitionslücken nach (1) Polstellen, (2) Sprungstellen und (3) stetig ergänzbaren Stellen.
c) Weisen Sie nach, daß f an der Stelle $x_0 = 3$ stetig ergänzbar ist.
d) Der Funktionsterm legt die Vermutung nahe, daß man immer dann, wenn der Funktionsterm durch den Linearfaktor $(x - x_0)$ mit $x_0 \in \mathbb{D}_f$ kürzbar ist, die Funktion an der Stelle x_0 stetig ergänzbar ist. Zeigen Sie am Beispiel der angegebenen Funktion, daß diese Vermutung falsch ist.
Es gilt vielmehr der Satz:
Sei $h(x) = \dfrac{h_1(x)}{h_2(x)}$ eine Funktion, die an der Stelle x_0 eine Definitionslücke hat, so gilt: h ist in x_0 stetig ergänzbar $\Rightarrow h_1(x_0) = h_2(x_0) = 0$.

3. Kapitel: Differenzierbarkeit

3.1 Entwicklung des Differenzierbarkeitsbegriffs

Zur Entwicklung des Differenzierbarkeitsbegriffs kann man von sehr unterschiedlichen Fragestellungen ausgehen. Unabhängig davon, welches Einstiegsbeispiel Sie im Unterricht betrachtet haben – die Lösungsstrategie lief letztlich immer darauf hinaus, die „Steigung“ des Graphen einer Funktion in einem Punkt zu bestimmen. Mit diesem Thema wollen wir uns jetzt beschäftigen.

Was man unter der Steigung einer Geraden g, dem Graphen einer linearen Funktion, in einem Punkt versteht, und wie man sie berechnet, setzen wir als bekannt voraus (s. Band I, 3.2).

Bei einer Geraden ist die Steigung überall gleich. Man kann daher von *der* Steigung einer Geraden sprechen. Sind P_1, P_2 zwei verschiedene Punkte auf g, so ergibt sich die Steigung als Quotient $\frac{y_2-y_1}{x_2-x_1}=\tan\alpha$ und dieser Wert ist gleich dem Wert m in der Gleichung der linearen Funktion $g(x)=mx+b$, deren Graph die Gerade g ist.

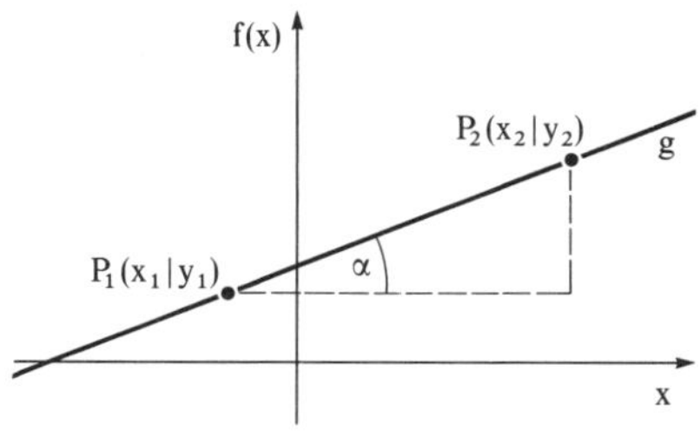

Abbildung 3.1

Die Verallgemeinerung des Begriffs der Steigung für krummlinige Graphen wiederholen wir an folgendem Schaubild:

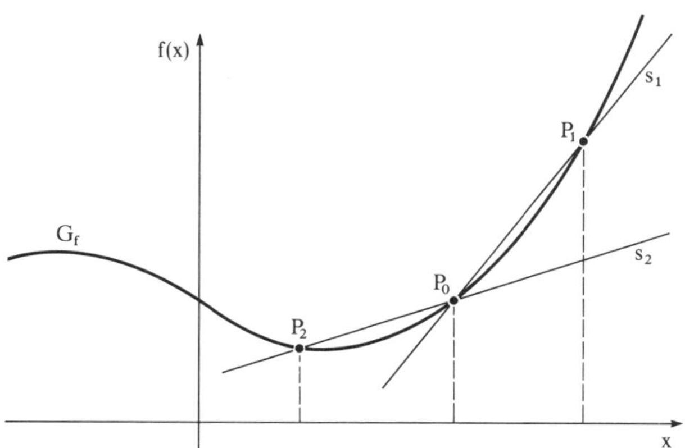

Abbildung 3.2

Sei $f: \mathbb{D}_f \to \mathbb{R}$ eine Funktion, G_f ihr Graph und $x_0 \in \mathbb{D}_f$ also $P_0(x_0 | f(x_0)) \in G_f$. Wir nehmen im folgenden stets an, daß jede Stelle x des Definitionsbereiches einer Funktion f eine Umgebung U(x) hat, die auch im Definitionsbereich von f liegt. Für jeden Punkt $x \in \mathbb{D}_f$, $x \neq x_0$ gibt dann der Quotient $\frac{f(x)-f(x_0)}{x-x_0}$ die Steigung der Sekante durch die Punkte $P_0(x_0 \mid f(x_0))$ und $P(x \mid f(x))$ an. In Abbildung 3.2 sind zwei solcher Sekanten gezeichnet, s_1 und s_2. Den Quotienten $\frac{f(x_1)-f(x_0)}{x_1-x_0}$ nennt man auch die „mittlere Änderungsrate" der Funktion auf dem Intervall $[x_1, x_2]$.

Durch die Zuordnungsvorschrift $x \mapsto \frac{f(x)-f(x_0)}{x-x_0}$, $x \in \mathbb{D}_f \setminus \{x_0\}$, wird auf $\mathbb{D}_f \setminus \{x_0\}$ eine Funktion definiert.
Sie heißt **Sekantensteigungsfunktion** oder auch **Differenzenquotientenfunktion** von f in x_0 und wird mit Δ_{x_0} bezeichnet. Δ_{x_0} gibt also für jedes $x \in \mathbb{D}_f \setminus \{x_0\}$ die Steigung der Sekante durch die Punkte $P_0(x_0 \mid f(x_0))$ und $P(x \mid f(x))$ an.

Definition 3.1: Sei $f: \mathbb{D}_f \to \mathbb{R}$, $x_0 \in \mathbb{D}_f$. Dann heißt die auf $\mathbb{D}_f \setminus \{x_0\}$ definierte Funktion Δ_{x_0}, mit $\Delta_{x_0}(x) = \frac{f(x)-f(x_0)}{x-x_0}$ **Sekantensteigungsfunktion** oder **Differenzenquotientenfunktion** von f in x_0.

Wir wollen bei einigen Beispielen Sekantensteigungsfunktionen bestimmen:

Beispiel 1: $f(x) = x^2 + 2x - 3$, $x_0 = \frac{1}{2}$.

Dann ist

$$\Delta_{1/2}(x) = \frac{(x^2+2x-3)-(\frac{1}{4}+1-3)}{x-\frac{1}{2}} = \frac{x^2+2x-\frac{5}{4}}{x-\frac{1}{2}} = x + \frac{5}{2}.$$

Wir zeichnen die Graphen von f(x) und $\Delta_{1/2}(x)$:

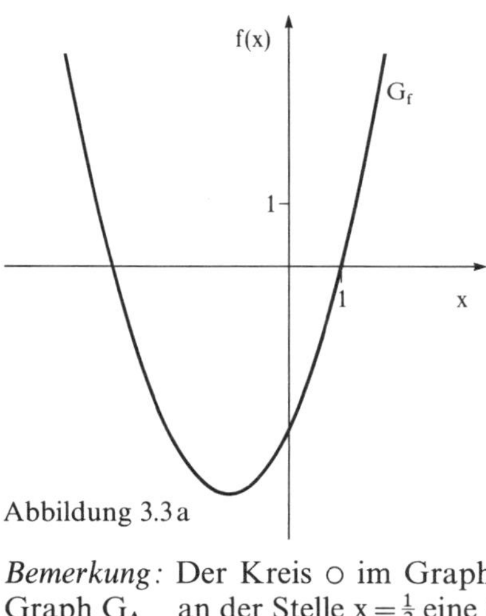

Abbildung 3.3a

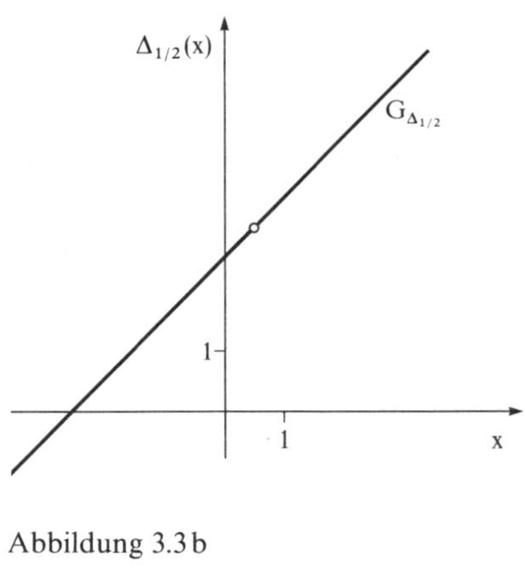

Abbildung 3.3b

Bemerkung: Der Kreis ○ im Graphen $G_{\Delta_{1/2}}$ soll darauf hinweisen, daß der Graph $G_{\Delta_{1/2}}$ an der Stelle $x = \frac{1}{2}$ eine Lücke hat, da $\Delta_{1/2}$ dort eine Definitionslücke besitzt.

Beispiel 2: $f(x)=\frac{1}{3}x^2-1$, $\mathbb{D}_f=\mathbb{R}$, $x_0=\sqrt{3}$.

Wir berechnen die Sekantensteigungsfunktion in $\sqrt{3}$:

$$\Delta_{\sqrt{3}}(x)=\frac{\frac{1}{3}x^2-1-0}{x-\sqrt{3}}=\frac{\frac{1}{3}x^2-1}{x-\sqrt{3}}=\frac{1}{3}x+\frac{1}{\sqrt{3}}.$$

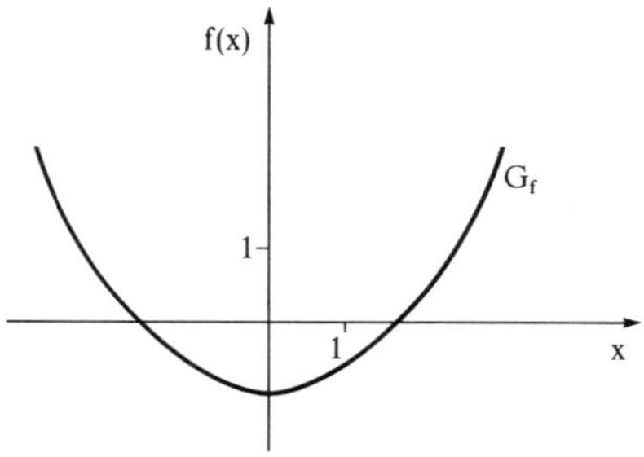

Abbildung 3.4a

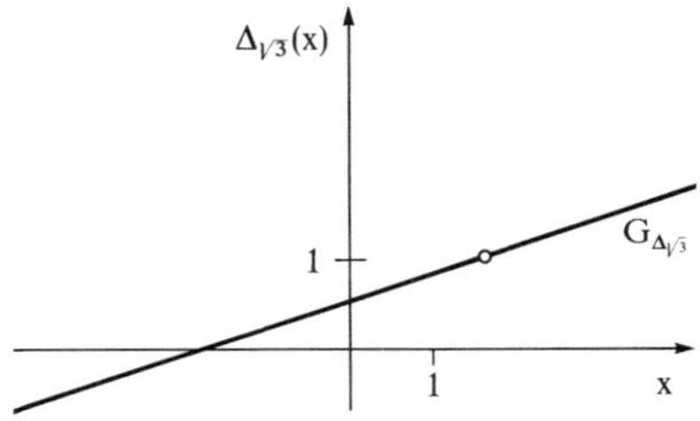

Abbildung 3.4b

Beispiel 3: $f(x)=|\frac{1}{3}x^2-1|$, $\mathbb{D}_f=\mathbb{R}$, $x_0=\sqrt{3}$.

Es ist

$$f(x)=\begin{cases}-(\frac{1}{3}x^2-1) & \text{für } -\sqrt{3}<x<\sqrt{3}\\ \frac{1}{3}x^2-1 & \text{für } x\leqq-\sqrt{3} \vee x\geq\sqrt{3}\end{cases}$$

(Zur Auflösung des Betragszeichens vgl. Band I „Vorbemerkungen“.) Dann ist:

$$\Delta_{\sqrt{3}}(x)=\frac{|\frac{1}{3}x^2-1|-0}{x-\sqrt{3}}=\frac{|\frac{1}{3}x^2-1|}{x-\sqrt{3}}=$$

$$=\begin{cases}\dfrac{-(\frac{1}{3}x^2-1)}{x-\sqrt{3}}=-\dfrac{1}{3}x-\dfrac{1}{\sqrt{3}} & \text{für } -\sqrt{3}<x<\sqrt{3}\\ \dfrac{\frac{1}{3}x^2-1}{x-\sqrt{3}}=\dfrac{1}{3}x+\dfrac{1}{\sqrt{3}} & \text{für } x<-\sqrt{3} \vee x>\sqrt{3}\end{cases}$$

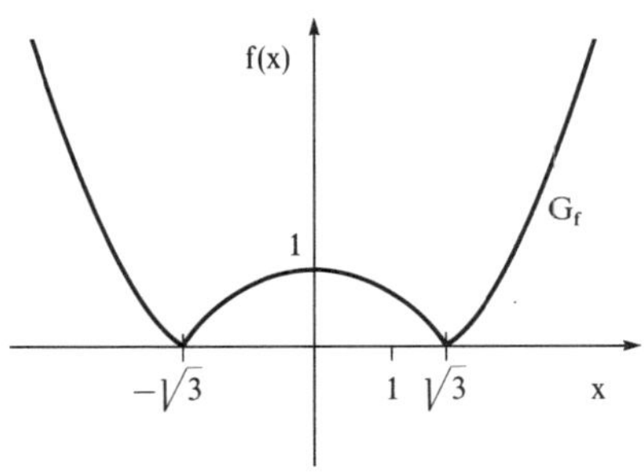

Abbildung 3.5a

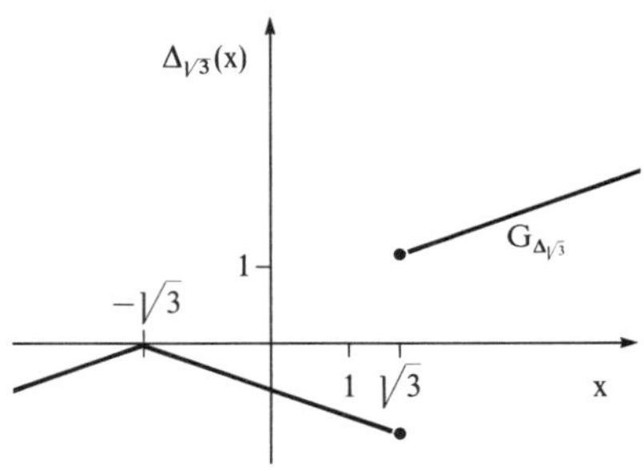

Abbildung 3.5b

<u>*Beispiel 4:*</u> $f(x)=H(x)=\begin{cases}1 & \text{für } x>0\\ 0 & \text{für } x\leq 0\end{cases}$

Wir berechnen die Sekantensteigungsfunktion in $x_0=0$.

$$\Delta_0(x)=\frac{H(x)-H(0)}{x-0}=\frac{H(x)}{x}=\begin{cases}\frac{1}{x} & \text{für } x>0\\ 0 & \text{für } x<0\end{cases}$$

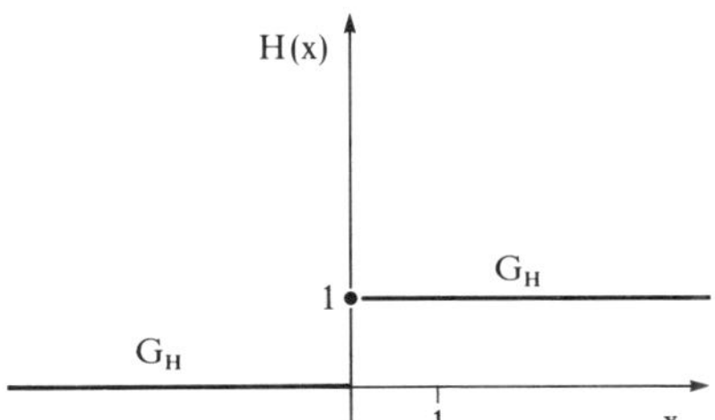

Abbildung 3.6a

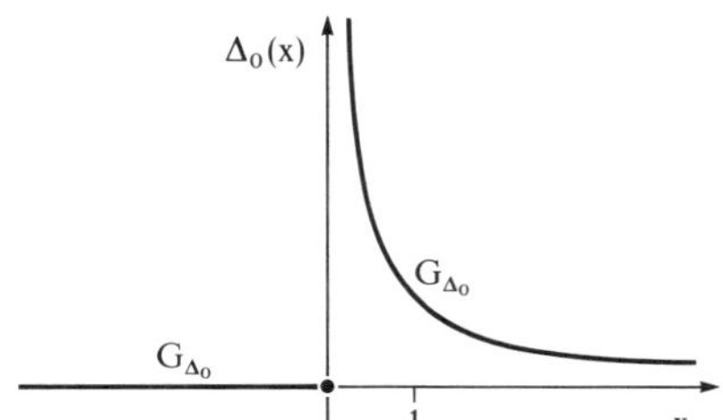

Abbildung 3.6b

Die Differenzenquotientenfunktion Δ_{x_0} einer Funktion f hat an der Stelle x_0 eine Definitionslücke. Die Beispiele 1–4 zeigen, daß Δ_{x_0} in einer Umgebung dieser Stelle ein unterschiedliches Verhalten zeigen kann. Es gibt Funktionen, bei denen die Differenzenquotientenfunktion Δ_{x_0} im Punkt x_0 einen Grenzwert besitzt und Funktionen, bei denen das nicht der Fall ist.
Beispiele für Funktionen, in denen $\lim\limits_{x\to x_0}\Delta_{x_0}(x)$ existiert, liefern die Beispiele 1 und 2. Hier ist die Funktion Δ_{x_0} in x_0 stetig ergänzbar. Die Lücke im Graphen der Sekantensteigungsfunktion läßt sich schließen.
Im Beispiel 3 existieren zwar noch der linksseitige und rechtsseitige Grenzwert von $\Delta_{\sqrt{3}}(x)$ in $\sqrt{3}$, aber sie stimmen nicht überein, also existiert nicht $\lim\limits_{x\to\sqrt{3}}\Delta_{\sqrt{3}}(x)$.
Im Beispiel 4 existiert zwar noch der linksseitige Grenzwert von $\Delta_0(x)$ in 0, aber nicht mehr der rechtsseitige.
Hat bei einer Funktion f die Sekantensteigungsfunktion Δ_{x_0} einen Grenzwert in x_0, so nennt man diesen Grenzwert die Steigung des Graphen G_f von f in x_0.

> **Definition 3.2:** Sei $f\colon \mathbb{D}_f\to\mathbb{R}$, $x_0\in\mathbb{D}_f$. Existiert der Funktionsgrenzwert $\lim\limits_{x\to x_0}\Delta_{x_0}(x)$ der Sekantensteigungsfunktion von f in x_0, so heißt dieser Grenzwert die **Steigung** des Graphen G_f in $P_0(x_0\,|\,f(x_0))$ oder auch die **lokale Änderungsrate** von f in x_0.

Die Steigung eines Graphen G_f einer Funktion f in einem Punkte $P_0(x_0\,|\,f(x_0))$ ist also nur bei solchen Funktionen definiert, bei denen der Funktionsgrenzwert $\lim\limits_{x\to x_0}\Delta_{x_0}(x)$ existiert. Entsprechend der Bezeichnung von Δ_{x_0} als Differenzenquotientenfunktion von f in x_0 nennt man diese Funktionen differenzierbar in x_0.

Definition 3.3: Eine Funktion $f\colon \mathbb{D}_f \to \mathbb{R}$ heißt **differenzierbar** in $x_0 \in \mathbb{D}_f$, wenn der Funktionsgrenzwert

$$\lim_{x \to x_0} \Delta_{x_0}(x) = \lim_{x \to x_0} \frac{f(x) - f(x_0)}{x - x_0} \quad \text{existiert.}$$

Der Grenzwert heißt auch **Ableitung** von f in x_0 und wird mit $f'(x_0)$ bezeichnet.

Nach der Definition des Funktionsgrenzwerts besagt die Definition also:

Satz 3.1: Eine Funktion $f\colon \mathbb{D}_f \to \mathbb{R}$ ist differenzierbar in $x_0 \in \mathbb{D}_f$ genau dann, wenn für jede Folge $\langle x_n \rangle$, $x_n \in \mathbb{D}_f$, $x_n \neq x_0$ mit $\lim_{n \to \infty} x_n = x_0$ die Folge

$$\langle \Delta_{x_0}(x_n) \rangle = \left\langle \frac{f(x_n) - f(x_0)}{x_n - x_0} \right\rangle \quad \text{konvergiert.}$$

Wir wollen im folgenden die wichtigsten Funktionen auf Differenzierbarkeit untersuchen.

Beispiel 5: Die konstante Funktion $f\colon x \mapsto a$, $a \in \mathbb{R}$ ist für alle $x \in \mathbb{R}$ differenzierbar, und es ist $f'(x) = 0$.

Beweis: Für $x_0 \in \mathbb{R}$ ist $\Delta_{x_0}(x) = \frac{f(x) - f(x_0)}{x - x_0} = \frac{a - a}{x - x_0} = 0$, also $\lim_{x \to x_0} \Delta_{x_0}(x) = 0$.

Beispiel 6: Die Funktion $f(x) = \sqrt{x}$, $\mathbb{D}_f = \mathbb{R}_0^+$ ist für alle $x > 0$ differenzierbar, und es gilt: $f'(x) = \frac{1}{2\sqrt{x}}$.

Beweis: Für $x, x_0 > 0$, $x \neq x_0$ ist

$$\Delta_{x_0}(x) = \frac{\sqrt{x} - \sqrt{x_0}}{x - x_0} = \frac{(\sqrt{x} - \sqrt{x_0})(\sqrt{x} + \sqrt{x_0})}{(x - x_0)(\sqrt{x} + \sqrt{x_0})}$$
$$= \frac{x - x_0}{(x - x_0)(\sqrt{x} + \sqrt{x_0})} = \frac{1}{\sqrt{x} + \sqrt{x_0}}.$$

Es ist $\lim_{x \to x_0} \Delta_{x_0}(x) = \frac{1}{2\sqrt{x_0}}$.

Die Funktion $f(x) = \sqrt{x}$ ist in $x_0 = 0$ nicht differenzierbar, denn für $x \neq 0$ ist $\Delta_0(x) = \frac{\sqrt{x} - 0}{x - 0} = \frac{\sqrt{x}}{x} = \frac{1}{\sqrt{x}}$.

Der Grenzwert $\lim_{x \to 0} \frac{1}{\sqrt{x}}$ existiert ersichtlich nicht.

Aufgabe 1: Zeigen Sie: Die Funktion $f(x)=\frac{1}{x}$, $\mathbb{D}_f=\mathbb{R}\setminus\{0\}$ ist für alle $x\in\mathbb{D}_f$ differenzierbar, und es ist $f'(x)=-\frac{1}{x^2}$.

Aufgabe 2: Zeigen Sie, daß die Funktion $f(x)=|x|$ nicht in $x_0=0$ differenzierbar ist.

Bemerkung: Aus rechentechnischen Gründen ist es manchmal sinnvoll $x-x_0=h$ zu setzen und statt des Quotienten $\frac{f(x)-f(x_0)}{x-x_0}$ den Quotienten $\frac{f(x_0+h)-f(x_0)}{h}$ zu betrachten. Die Aussagen

$$„\lim_{x\to x_0}\frac{f(x)-f(x_0)}{x-x_0} \text{ existiert“ und „}\lim_{h\to 0}\frac{f(x_0+h)-f(x_0)}{h} \text{ existiert“}$$

sind natürlich gleichwertig.

Beispiel 7: Die Sinusfunktion $\sin\colon x\mapsto \sin x$ ist für jedes $x\in\mathbb{R}$ differenzierbar, und es ist $\sin'(x)=\cos x$.

Beweis: Sei $x_0\in\mathbb{R}$ beliebig. Für $x\neq x_0$ ist

$$\frac{\sin x-\sin x_0}{x-x_0}=\frac{\sin(x_0+h)-\sin x_0}{h}, \qquad h\neq 0.$$

Nach dem Additionstheorem der Sinusfunktion gilt:

$$\sin(x_0+h)=\sin x_0\cos h+\cos x_0\sin h,$$

$$\text{also}\quad \frac{\sin(x_0+h)-\sin x_0}{h}=\sin x_0\cdot\frac{\cos h-1}{h}+\cos x_0\cdot\frac{\sin h}{h}.$$

Nun gilt:

$$\lim_{h\to 0}\frac{\sin h}{h}=1 \quad\text{und}\quad \lim_{h\to 0}\frac{\cos h-1}{h}=0.$$

Beide Gleichungen kann man elementargeometrisch begründen. Wir werden die Begründung für die erste sofort bringen. Mit diesen beiden Gleichungen folgt dann mit den Grenzwertregeln

$$\lim_{h\to 0}\frac{\sin(x_0+h)-\sin x_0}{h}=\sin x_0\cdot\lim_{h\to 0}\frac{\cos h-1}{h}+\cos x_0\cdot\lim_{h\to 0}\frac{\sin h}{h}=\cos x_0.$$

Also ist die Sinusfunktion differenzierbar in x_0 und es ist $\sin'(x_0)=\cos x_0$.

Die Grenzwertbeziehung

$$\lim_{h\to 0}\frac{\sin h}{h}=1$$

erhält man elementargeometrisch durch Vergleich der Flächeninhalte in der Abbildung 3.7:

Für $0<h<\frac{\pi}{2}$ gilt mit den Bezeichnungen der Figur für die Flächeninhalte der beiden Dreiecke OAC und OBD und des Kreisausschnitts OBC

$F_{OAC}<F_{OBC}<F_{OBD}$, also

$$\frac{\sin h \cos h}{2}<\frac{h}{2}<\frac{1}{2}\cdot\frac{\sin h}{\cos h}.$$

Kürzt man durch $\frac{1}{2}\sin h$, dann ergibt sich

$$\cos h<\frac{h}{\sin h}<\frac{1}{\cos h} \quad \text{bzw.}$$

$$\frac{1}{\cos h}>\frac{\sin h}{h}>\cos h.$$

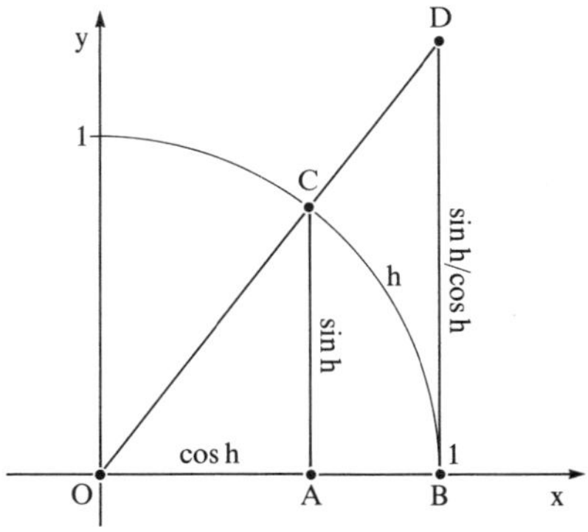

Abbildung 3.7

Das gilt ebenso für $-\frac{\pi}{2}<h<0$. Man setze in diesem Fall $h^*=-h$. Dann ist $0<h^*<\frac{\pi}{2}$. Also gilt $\frac{1}{\cos h^*}>\frac{\sin h^*}{h^*}>\cos h^*$.

Daraus folgt:

$$\frac{1}{\cos(-h)}>\frac{\sin(-h)}{-h}>\cos(-h) \Leftrightarrow \frac{1}{\cos h}>\frac{\sin h}{h}>\cos h,$$

denn $\sin(-h)=-\sin h$, $\cos(-h)=\cos h$.
Wegen $\lim\limits_{h\to 0}\cos h=\cos 0=1$ (s. Kapitel 2, Beispiel 12) folgt mit dem Einschließungskriterium (s. Band I, Satz 2.8) jetzt $\lim\limits_{h\to 0}\frac{\sin h}{h}=1$.

Aufgabe 3: Zeigen Sie: Die Kosinusfunktion ist für jedes $x\in\mathbb{R}$ differenzierbar, und es ist $\cos'(x)=-\sin x$.

Beispiel 8: Die Exponentialfunktion $\exp: x\mapsto e^x$ ist für alle $x\in\mathbb{R}$ differenzierbar, und es ist $(\exp)'(x)=\exp(x)$.

Beweis: Wir betrachten den Quotienten

$$\frac{e^{x_0+h}-e^{x_0}}{h}=\frac{e^{x_0}\cdot e^h-e^{x_0}}{h}=e^{x_0}\frac{e^h-1}{h}.$$

Nun gilt $\lim\limits_{h\to 0}\frac{e^h-1}{h}=1$ (auf den Nachweis wollen wir hier verzichten). Dann folgt $\lim\limits_{h\to 0}\frac{e^{x_0+h}-e^{x_0}}{h}=e^{x_0}\cdot\lim\limits_{h\to 0}\frac{e^h-1}{h}=e^{x_0}$.

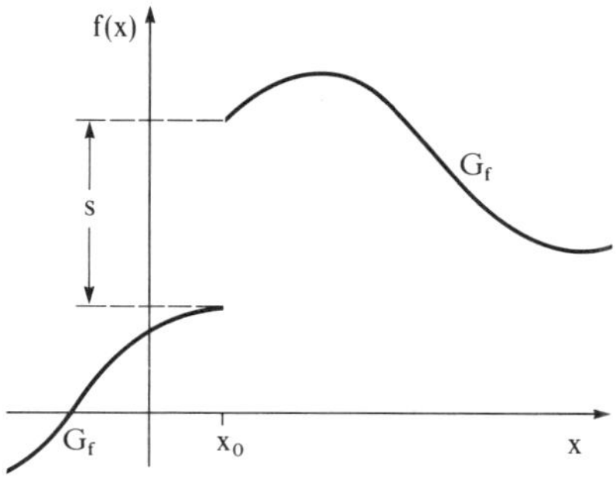

Abbildung 3.8

Bemerkung: Ist eine Funktion f an einer Stelle x_0 nicht stetig, so kann sie dort auch nicht differenzierbar sein, denn nach der Definition der Stetigkeit läßt sich bei einer, an einer Stelle x_0 nicht stetigen Funktion f, der Betrag $|f(x)-f(x_0)|$ nicht beliebig klein machen, sofern man nur x aus einer hinreichend kleinen Umgebung von x_0 wählt. $|f(x)-f(x_0)|$ bleibt also größer als eine Schranke s. Dann wird aber $\frac{f(x)-f(x_0)}{x-x_0}$ beliebig groß, sofern nur x hinreichend nahe bei x_0 liegt; $\lim\limits_{x-x_0} \frac{f(x)-f(x_0)}{x-x_0}$ kann also nicht existieren.

Satz 3.2: Ist die Funktion f differenzierbar in x_0, so ist sie auch stetig in x_0.

Die Umkehrung des Satzes gilt nicht. Aus der Stetigkeit folgt nicht die Differenzierbarkeit. Das zeigt schon die Funktion $f(x)=|x|$ (vgl. Aufgabe 2), die zwar in $x_0=0$ stetig, aber dort nicht differenzierbar ist.

Wir haben bisher von der Differenzierbarkeit einer Funktion f an einer Stelle $x_0 \in \mathbb{D}_f$ gesprochen.

Definition 3.4: Eine Funktion f heißt in einem Intervall $I \subset \mathbb{D}_f$ differenzierbar, wenn sie für jedes $x \in I$ differenzierbar ist.

3.2 Die Tangentengleichung

Bei der Entwicklung des Begriffs der Steigung eines Graphen G_f in einem Punkt $P_0(x_0|f(x_0))$ haben wir Sekanten durch P_0 und von P_0 verschiedene Punkte $P(x|f(x))$ des Graphen G_f betrachtet. Die Gerade durch die beiden Punkte P_0 und P hatte die Gleichung

$$s(x)=f(x_0)+m_s(x-x_0)$$

mit

$$m_s=\frac{f(x)-f(x_0)}{x-x_0}.$$

Ist nun f eine in x_0 differenzierbare Funktion, existiert also

$$\lim_{x \to x_0} \frac{f(x)-f(x_0)}{x-x_0}=f'(x_0),$$

dann ist auch die Gerade

$$t(x) = f(x_0) + f'(x_0)(x - x_0)$$

eine Gerade, die durch P_0 geht. Überlegt man sich, was die Grenzwertbildung anschaulich geometrisch bedeutet, so liegt es nahe, die Gerade t als Tangente an den Graph G_f im Punkte P_0 zu bezeichnen.

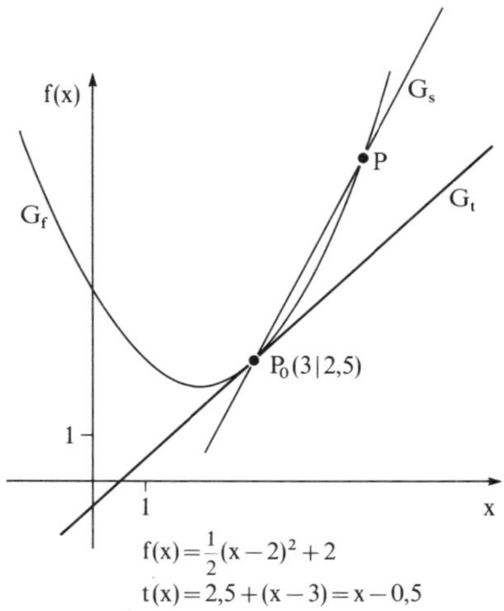

Abbildung 3.9

Entsprechend haben Sie im Unterricht definiert:

> **Definition 3.5:** Ist f: $\mathbb{D}_f \to \mathbb{R}$ an der Stelle x_0 differenzierbar, dann heißt die Gerade t mit der Funktionsgleichung $t(x) = f(x_0) + f'(x_0)(x - x_0)$ **Tangente** an den Graphen von f im Punkte $(x_0|f(x_0))$ oder kürzer: die Tangente von f in x_0.

Wir wollen uns mit dieser Definition etwas beschäftigen. Der Tangentenbegriff, wie er in der Definition mit Hilfe des Differenzierbarkeitsbegriffs entwikkelt wurde, unterscheidet sich von dem Tangentenbegriff, den Sie in der Sekundarstufe I entwickelt haben.
In der Sekundarstufe I haben Sie den Begriff „Tangente" an einen Kreis kennengelernt.

Es wurde definiert:
Eine Gerade t heißt Tangente an den Kreis im Punkte P_0, wenn sie durch P_0 geht und nur diesen Punkt mit dem Kreis gemeinsam hat.
Durch diese Definition war die Tangente an den Kreis eindeutig festgelegt.

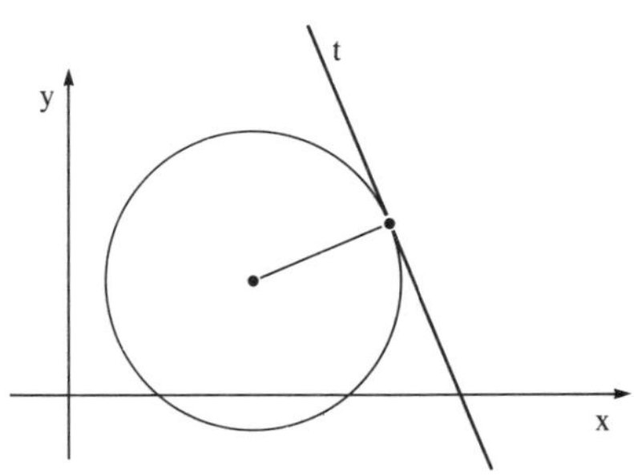

Abbildung 3.10

Daß man diese Definition nicht wörtlich zur Definition der Tangente an einen Funktionsgraphen übernehmen kann, zeigt schon die Abbildung 3.11, in der der Graph der Funktion $f(x) = \frac{1}{3}x^3 - x^2 + 3$ über dem Intervall $[-1, 4]$ gezeichnet ist.

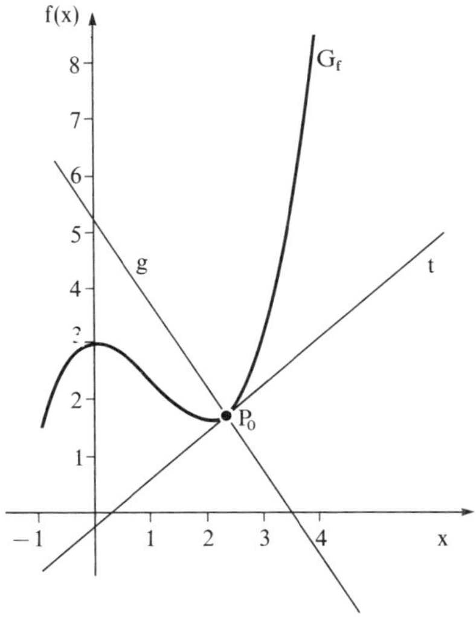

Abbildung 3.11

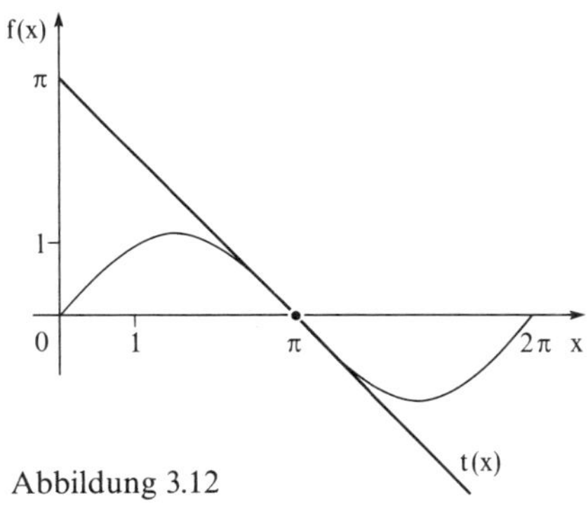

Abbildung 3.12

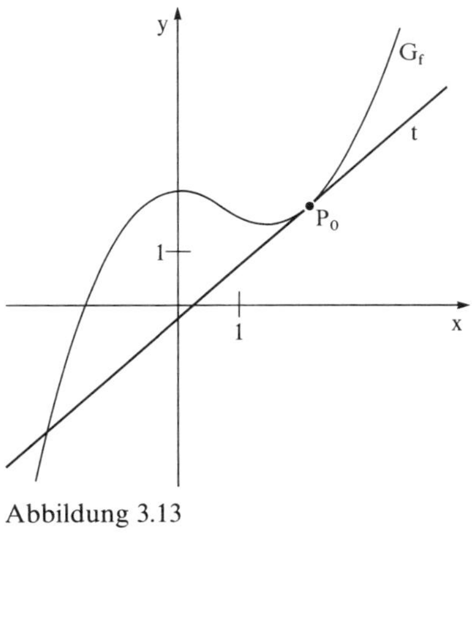

Abbildung 3.13

Neben der Geraden t hat auch die Gerade g nur einen Punkt mit dem Graphen gemeinsam, aber g würde man sicher nicht als Tangente in P_0 bezeichnen.

Mit dem Begriff Tangente verbindet man die Vorstellung des „Berührens" von Kurve und Gerade. Das Wort „tangere" (lat.) heißt ja auch „berühren". In Abbildung 3.11 würde man sagen, daß zwar die Gerade t den Graphen in P_0 berührt, aber g ihn dort schneidet.

Daß diese Vorstellung nicht genügt, um den Tangentenbegriff der Definition 3.5 zu charakterisieren, zeigt die folgende Funktion:

$$f(x) = \sin x, \quad x \in [0, 2\pi].$$

Wir bestimmen die Tangente durch $P_0(\pi|0)$ gemäß der Definition 3.5 und erhalten:

$$\begin{aligned} t(x) &= \sin \pi + \cos \pi (x - \pi) \\ &= -x + \pi. \end{aligned}$$

Anhand der Abbildung 3.12 erkennen wir, daß die Tangente t den Graphen in P_0 schneidet.

Wir wollen noch auf einen zweiten Unterschied zwischen der Definition der Kreistangente und der Definition der Tangente mit Hilfe des Differenzierbarkeitsbegriffs aufmerksam machen.

Wir betrachten den Graph der Funktion $f(x) = \frac{1}{3}x^3 - x^2 + 3$ (vgl. Abbildung 3.11) auf dem Intervall $[-3, 4]$.

Die Anschauung legte in Abbildung 3.11 nahe, die Gerade t als Tangente zu bezeichnen. Aber t hat jetzt noch einen weiteren Schnittpunkt mit dem Graphen.

Kann t noch Tangente sein? Legt man den alten Tangentenbegriff zugrunde, würde die Antwort „nein" lauten, aber nach der Definition 3.5 bleibt die Gerade t Tangente. Der Tangentenbegriff der Definition 3.5 ist ein „lokaler" Begriff.

Man sieht: Es bestehen Unterschiede zwischen dem „neuen“ Tangentenbegriff in der Differentialrechnung und dem „alten“ Tangentenbegriff. Man nennt den neuen Tangentenbegriff auch „analytischen Tangentenbegriff“. Wie steht es nun mit dem alten Tangentenbegriff. Können wir ihn vergessen? Natürlich nicht! Dieser Begriff ordnet sich der Definition der Tangente mit Hilfe des Differenzierbarkeitsbegriffs in dem Sinne unter, daß der erste ein Spezialfall des zweiten ist. Das wird aus den folgenden Überlegungen sofort erkennbar. Der obere Halbkreis um (0|0) mit Radius r hat die Funktionsgleichung $k(x)=\sqrt{r^2-x^2}$, $-r \leq x \leq r$, $r \in \mathbb{R}^+$.
Die Funktion k ist für jedes x mit $-r<x<r$ differenzierbar. Man kann also die Tangentengleichung der analytischen Tangente berechnen:

$$t(x)=k(x_0)+k'(x_0)(x-x_0)\,^{1)}.$$

Man kann zeigen, daß diese Gerade identisch ist mit der Geraden, die man aufgrund der Ihnen aus der Sekundarstufe I bekannten Konstruktion und Definition der Kreistangente erhält.

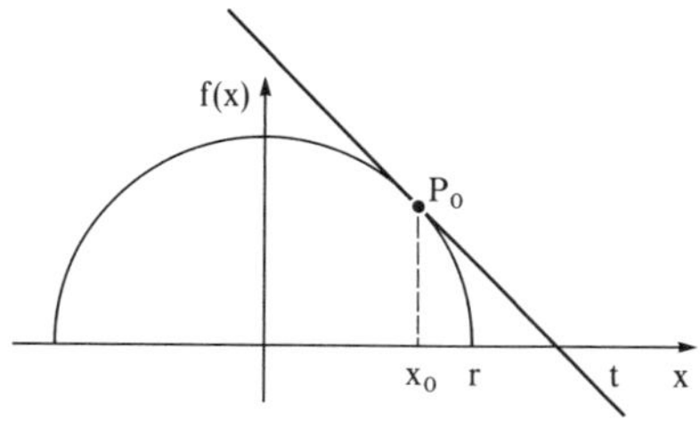

Abbildung 3.14

Untersucht man die Frage nach einer geometrischen Charakterisierung der Tangente in der analytischen Fassung, so ergibt sich, daß die Tangente t(x) durch den Punkt P_0 diejenige Gerade ist, die sich dem Graphen der Funktion in einer Umgebung von x_0 „optimal anschmiegt“ im Sinne des folgenden Satzes:

Satz 3.3: Sei $f\colon \mathbb{D}_f \to \mathbb{R}$ differenzierbar in x_0. Dann ist die Tangente $t(x)=f(x_0)+f'(x_0)(x-x_0)$ von f in x_0 dadurch charakterisiert, daß es zu jeder Geraden g, die durch P_0 geht, für die also $g(x_0)=f(x_0)$ ist, eine Umgebung $U(x_0)$ von x_0 gibt, so daß gilt: $|f(x)-t(x)| \leq |f(x)-g(x)|$ für alle $x \in U(x_0)$.
Ist $x \neq x_0$ und f nicht schon selbst eine lineare Funktion, so gilt sogar das $<$-Zeichen.

Wir wollen einige Tangentengleichungen berechnen.

Beispiel 9: Die Tangente an den Graph von $f(x)=x^2$ im Punkte (2|4) lautet wegen $f'(2)=4$

$$t(x)=4+4(x-2)=4x-4.$$

---

1) Mit Hilfe der Kettenregel, die wir im folgenden Abschnitt behandeln, zeigt man:

$$k'(x)=\frac{-x}{\sqrt{r^2-x^2}}.$$

Also hat t(x) die Gestalt

$$t(x)=\sqrt{r^2-x_0^2}-\frac{x_0}{\sqrt{r^2-x_0^2}}(x-x_0).$$

Beispiel 10: Die Tangente an den Graph von $f(x)=\sqrt{x}$ im Punkte $(2|\sqrt{2})$ hat die Gleichung

$$t(x)=\sqrt{2}+\frac{1}{2\sqrt{2}}(x-2)=\frac{1}{2\sqrt{2}}x+\frac{1}{2}\sqrt{2}.$$

Beispiel 11: Die Tangente an den Graph von $f(x)=\sin x$ im Punkte $(x_0|\sin x_0)$ hat die Gleichung

$$t(x)=\sin x_0+(\cos x_0)\cdot(x-x_0)=(\cos x_0)\cdot x+(\sin x_0-x_0\cos x_0).$$

3.3 Ableitungsregeln

Definition 3.6: Sei $\tilde{\mathbb{D}}_f$ die Menge aller $x\in\mathbb{D}_f$, an denen die Funktion f differenzierbar ist. Durch die Zuordnung $x\to f'(x)$ wird dann auf $\tilde{\mathbb{D}}_f$ eine Funktion definiert, die **Ableitungsfunktion** von f. Sie wird mit f' bezeichnet.

Bemerkung: Es ist $\tilde{\mathbb{D}}_f\subset\mathbb{D}_f$, wobei durchaus $\tilde{\mathbb{D}}_f\neq\mathbb{D}_f$ sein kann.

Beispiel: $f(x)=\sqrt{x}$. Es ist $\mathbb{D}_f=\mathbb{R}_0^+$ und $\tilde{\mathbb{D}}_f=\mathbb{R}^+=\mathbb{R}_0^+\setminus\{0\}$.

Die Ableitungsfunktion f' einer differenzierbaren Funktion f ist manchmal wieder differenzierbar. Ist f' in $x_0\in\mathbb{D}_f$ differenzierbar, so heißt f zweimal differenzierbar in x_0. Die Ableitung von f' in x_0 wird mit $f''(x_0)$ bezeichnet. Zu f' kann man dann wieder die Ableitungsfunktion betrachten. Sie wird mit f'' bezeichnet. Entsprechend wird die 3., 4., ..., allgemein die n-te Ableitung von f gebildet. Die n-te Ableitungsfunktion von f wird mit $f^{(n)}$ bezeichnet.

Aufgabe 4: Zeigen Sie: Die Funktionen sin und cos sind beliebig oft differenzierbar.

Die folgenden Sätze, die üblicherweise als Ableitungsregeln bezeichnet werden, leisten wertvolle Hilfe bei der Berechnung von Ableitungen oder Ableitungsfunktionen.

Satz 3.4: Ist f in x_0 differenzierbar, dann ist auch die Funktion $r\cdot f$, $r\in\mathbb{R}$, in x_0 differenzierbar, und es ist $(r\cdot f)'(x_0)=r\cdot f'(x_0)$.

Beispiel 12: $f(x)=3\cdot\sqrt{x}$. f ist in allen Stellen x differenzierbar, in denen $\sqrt{x}$ differenzierbar ist, also in allen $x>0$.

Sei $x_0>0$. Dann ist $f'(x_0)=3\cdot\frac{1}{2\sqrt{x_0}}=\frac{3}{2\sqrt{x_0}}$.

Satz 3.5 (Summen- und Differenzenregel): Sind die Funktionen f und g in x_0 differenzierbar, so auch $u = f + g$, und es ist $u'(x_0) = f'(x_0) + g'(x_0)$. Sind die Funktionen f und g in x_0 differenzierbar, so auch $v = f - g$, und es ist $v'(x_0) = f'(x_0) - g'(x_0)$.

Beispiel 13: $u(x) = x^2 + 3\sqrt{x}$ ist für alle $x > 0$ differenzierbar, und es ist $u'(x_0) = 2x_0 + \frac{3}{2\sqrt{x_0}}$.

Satz 3.6 (Produktregel): Sind die Funktionen f und g in x_0 differenzierbar, so auch $u = f \cdot g$, und es ist

$$u'(x_0) = f'(x_0) \cdot g(x_0) + f(x_0) \cdot g'(x_0).$$

Beispiel 14: $f(x) = \sin x \cdot \sqrt{x}$

$$f'(x) = \cos x \cdot \sqrt{x} + \sin x \cdot \frac{1}{2\sqrt{x}}.$$

Aufgabe 5: Bestimmen Sie die 1. Ableitung von:

a) $f(x) = x^3(x^2 - 6)$

b) $f(x) = x \cdot \sin x$

c) $f(x) = \sin x \cdot \cos x$

d) $f(x) = (x^4 - 2x^3)\sqrt{x}$

Aufgabe 6: Zeigen Sie: Die Potenzfunktion $f(x) = x^n$, $n \in \mathbb{N}$ $n \geq 1$ ist für jedes $n \in \mathbb{N}$ differenzierbar, und es ist $f'(x) = n \cdot x^{n-1}$.

Mit den voraufgegangenen Sätzen läßt sich jetzt der folgende Satz beweisen:

Satz 3.7: Ein Polynom $p(x) = a_0 + a_1 x + \ldots + a_n x^n$, $a_i \in \mathbb{R}$ ist überall differenzierbar. Die Ableitungsfunktion p' lautet:

$$p'(x) = a_1 + 2a_2 x + 3a_3 x^2 + \ldots + n a_n x^{n-1}.$$

Satz 3.8 (Quotientenregel): Sind die Funktionen f und g in x_0 differenzierbar, und ist $g(x_0) \neq 0$, so ist auch $q = \frac{f}{g}$ in x_0 differenzierbar, und es gilt:

$$q'(x_0) = \frac{f'(x_0) \cdot g(x_0) - f(x_0) \cdot g'(x_0)}{(g(x_0))^2}.$$

Aus diesem Satz erhält man die Spezialisierung:

Ist g in x_0 differenzierbar und $g(x_0) \neq 0$, so ist $\frac{1}{g}$ in x_0 differenzierbar, und es gilt: $\left(\frac{1}{g}\right)'(x_0) = -\frac{g'(x_0)}{(g(x_0))^2}$.

Beispiel 15: $q(x)=\frac{x^4-3x^2+2}{x^2-1}$; $\mathbb{D}_q=\mathbb{R}\setminus\{-1, 1\}$.

Nach den beiden voraufgegangenen Sätzen folgt mit $f(x)=x^4-3x^2+2$ und $g(x)=x^2-1$:

$$q'(x)=\frac{(4x^3-6x)(x^2-1)-(x^4-3x^2+2)\cdot 2x}{(x^2-1)^2}=\frac{2x^5-4x^3+2x}{(x^2-1)^2}.$$

Aufgabe 7: Zeigen Sie: Die Funktion $f\colon x\mapsto\frac{1}{x^n}=x^{-n}$, $n\in\mathbb{N}$ ist für jedes $n\in\mathbb{N}$, $n\geq 1$ für $x\neq 0$ differenzierbar, und es ist $f'(x)=-n\cdot\frac{1}{x^{n+1}}=-n\,x^{-(n+1)}$.

Lösungshinweis: vollständige Induktion nach n.

> **Satz 3.9:** Jede rationale Funktion ist an allen Stellen ihres Definitionsbereiches differenzierbar.

Aufgabe 8: Zeigen Sie: Die Tangensfunktion tan und die Kotangensfunktion cot sind in jedem Punkte ihrer Definitionsbereiche differenzierbar. Es ist

$$\tan'(x)=\frac{1}{\cos^2 x},\qquad \cot'(x)=-\frac{1}{\sin^2 x}.$$

Lösungshinweis: Das Beispiel 7 und die Aufgabe 3 liefern die Ableitungen der Sinus- und Kosinusfunktion.

Aufgabe 9: Bestimmen Sie die Gleichungen der Tangenten von

a) $f(x)=x^3+2x^2$ im Punkte $(2|f(2))$

b) $f(x)=\frac{2x}{x-1}$ im Punkte $(4|f(4))$

c) $f(x)=|x-1|$ im Punkte $(2|f(2))$

Stellen Sie fest, ob die Tangente den Graphen in einem weiteren Punkt schneidet.

Der folgende Satz zeigt, wie man die Ableitung der Verkettung $f\circ g$ differenzierbarer Funktionen f und g bestimmt.

> **Satz 3.10 (Kettenregel):** Es seien f und g Funktionen mit $\mathbb{W}_g\subseteq\mathbb{D}_f$. $\mathbb{W}_g$ bezeichne den Wertebereich von g. Es sei g in x_0 differenzierbar und f in $y_0=g(x_0)$ differenzierbar. Dann ist $h(x)=(f\circ g)(x)=f(g(x))$ in x_0 differenzierbar, und es gilt:
>
> $$h'(x_0)=f'(g(x_0))\cdot g'(x_0).$$

Die Funktion $f'(g(x))$ nennt man die **äußere Ableitung**, $g'(x)$ die **innere Ableitung** von $f(g(x))$. Die Ableitungsfunktion von $f(g(x))$ ist also das Produkt der äußeren und inneren Ableitung.

Beispiel 16: $h(x)=\sqrt{x^2+1}$. Wir fassen h als Verkettung zweier Funktionen f und g mit den Funktionsgleichungen $f(y)=\sqrt{y}$, $y=g(x)=x^2+1$, $h=f\circ g$ auf:
$g(x)$ ist für alle $x\in\mathbb{R}$ positiv und differenzierbar;
$f(y)$ ist für alle $y>0$ differenzierbar.
Also ist die Funktion h für alle $x\in\mathbb{R}$ differenzierbar, und es ist

$$h'(x)=f'(g(x))\cdot g'(x)=\frac{1}{2\sqrt{x^2+1}}\cdot 2x=\frac{x}{\sqrt{x^2+1}}.$$

Beispiel 17: $h(x)=\sin(x^2)$, $h'(x)=?$
Setze $f(y)=\sin y$, $y=g(x)=x^2$. Dann ist $h=f\circ g$; h ist für alle $x\in\mathbb{R}$ differenzierbar, und es ist $h'(x)=(\cos(x^2))\cdot 2x$.

Beispiel 18: $h(x)=\sqrt{x^3+x}$, $h'(x)=?$
Wir setzen $f(y)=\sqrt{y}$, $y=g(x)=x^3+x$. Dann ist $h=f\circ g$.
f ist differenzierbar in allen $y>0$;
g ist differenzierbar auf ganz $\mathbb{R}$.
Also ist h differenzierbar in allen x mit $x^3+x>0$.
Es ist $x^3+x>0 \Leftrightarrow x(x^2+1)>0 \Leftrightarrow x>0$.
Also ist h differenzierbar in allen $x>0$, und es ist

$$h'(x)=\frac{1}{2\sqrt{x^3+x}}\cdot(3x^2+1).$$

Beispiel 19: Ableitung der allgemeinen Exponentialfunktion

$$\exp_q\colon\ x\to q^x,\qquad q>0.$$

Für $q>0$ ist $q^x=\exp_e(x\cdot\ln q)=e^{x\cdot\ln q}$ (vgl. Band I, S. 53). Nach der Kettenregel ergibt sich also wegen $\exp_e'(x)=\exp_e(x)$ (s. Beispiel 8 dieses Kapitels):

$$(\exp_q)'(x)=(\ln q)\cdot\exp_e(x\cdot\ln q)=(\ln q)\cdot\exp_q(x)=(\ln q)\cdot q^x.$$

Aufgabe 10: Differenzieren Sie die folgenden Funktionen:

a) $f(x)=(x^2-4x)^6$ c) $f(x)=\sin 3x$

b) $f(x)=\sin^3 x$ d) $f(x)=\dfrac{x^2-x}{\sqrt{x^2+x}}$

Als letzte Ableitungsregel wiederholen wir die Regel für die Differentiation einer Umkehrfunktion.

Satz 3.11: Sei I ein Intervall und f eine auf I differenzierbare Funktion mit der Eigenschaft $f'(x) \neq 0$ für alle $x \in I$. Dann ist f umkehrbar auf I und die Umkehrfunktion f^{-1} ist differenzierbar in allen Punkten $y = f(x)$. Ist $x_0 \in I$, $y_0 = f(x_0)$, so ist

$$(f^{-1})'(y_0) = \frac{1}{f'(f^{-1}(y_0))} = \frac{1}{f'(x_0)}.$$

Beispiel 20: Wir bestimmen noch einmal die Ableitung der Wurzelfunktion. Die Funktion g, $g(x) = \sqrt{x}$, $\mathbb{D}_g = \mathbb{R}_0^+$, ist als Umkehrfunktion der auf $\mathbb{R}_0^+$ definierten quadratischen Funktion f, $f(x) = x^2$ erklärt. f ist differenzierbar auf $\mathbb{R}_0^+$ und es ist $f'(a) = 2a \neq 0$ für alle $a > 0$. Also ist $g = f^{-1}$ in allen Punkten $b = f(a) = a^2$, $a > 0$, also auf $\mathbb{R}^+$ differenzierbar, und es gilt:

$$g'(b) = (f^{-1})'(b) = \frac{1}{f'(a)} = \frac{1}{2a} = \frac{1}{2\sqrt{b}}.$$

Aufgabe 11:

a) Zeigen Sie: Die Wurzelfunktion f: $x \to \sqrt[n]{x} = x^{\frac{1}{n}}$ $\mathbb{D}_f = \mathbb{R}_0^+$, $n \in \mathbb{N}$, $n \geq 2$ ist für alle $x > 0$ differenzierbar. Es ist $f'(x) = \frac{1}{n(\sqrt[n]{x})^{n-1}} = \frac{1}{n} x^{\frac{1}{n}-1}$.

b) Zeigen Sie: Die Funktion f: $x \to \sqrt[q]{x^p} = x^{\frac{p}{q}}$, $p \in \mathbb{Z}$, $q \in \mathbb{N}$, $q > 0$, $\mathbb{D}_f = \mathbb{R}_0^+$ ist für alle $x > 0$ differenzierbar. Es ist $f'(x) = \frac{p}{q} \cdot \sqrt[q]{x^{p-q}} = \frac{p}{q} \cdot x^{\frac{p}{q}-1}$.

Lösungshinweis zu b): Benutzen Sie die Kettenregel.

Beispiel 21: Die Ableitung der Logarithmusfunktion ln. Die Logarithmusfunktion ln ist die Umkehrfunktion der Exponentialfunktion $\exp_e$: $x \mapsto e^x$. Nach Beispiel 8 ist $(\exp)_e'(x) = \exp_e(x)$. Es ist $\exp_e(a) = e^a \neq 0$ für alle $a \in \mathbb{R}$. Also ist ln an allen Stellen $b = e^a$, also auf $\mathbb{R}^+$ differenzierbar, und es gilt:

$$\ln'(b) = \frac{1}{(\exp_e)'(a)} = \frac{1}{e^a} = \frac{1}{b}.$$

Aufgabe 12: Differenzieren Sie die allgemeine Logarithmusfunktion $\log_q$: $\mathbb{R}^+ \to \mathbb{R}$, die Umkehrfunktion der allgemeinen Exponentialfunktion.

3.4 Die Arcus-Funktionen und ihre Ableitungen

Die folgende Abbildung zeigt einen Teil des Graphen der Sinusfunktion.

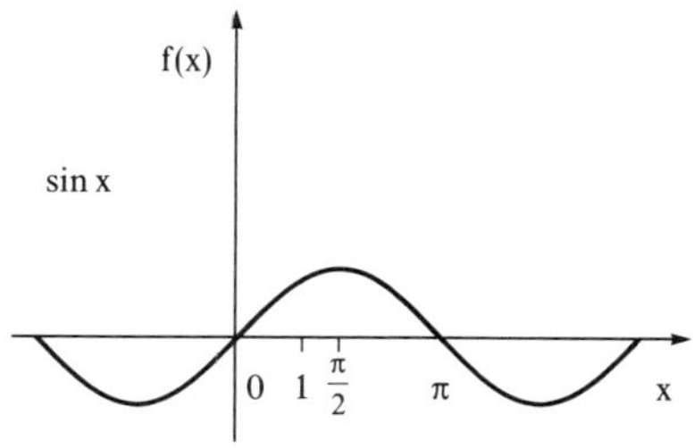

Abbildung 3.15

Die auf das Intervall $\left[-\frac{\pi}{2}, \frac{\pi}{2}\right]$ eingeschränkte Sinusfunktion ist streng monoton wachsend von -1 nach $+1$ und stetig. Es existiert also dort die Umkehrfunktion. Sie wird mit arcsin bezeichnet und Arcussinusfunktion genannt.

Definition 3.7: Unter der **Arcussinusfunktion**

$$\arcsin\colon [-1, 1] \mapsto \left[-\frac{\pi}{2}, \frac{\pi}{2}\right]$$

versteht man die Umkehrfunktion der auf $\left[-\frac{\pi}{2}, \frac{\pi}{2}\right]$ eingeschränkten Sinusfunktion.

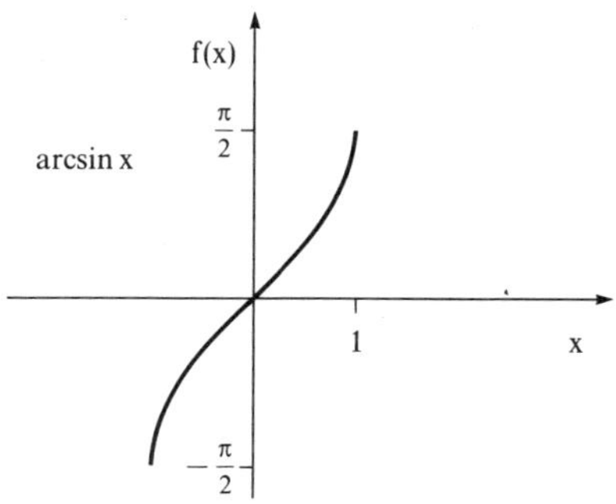

Abbildung 3.16

Für alle $a \in \left]-\frac{\pi}{2}, \frac{\pi}{2}\right[$ ist $\sin'(a) = \cos a \neq 0$. Somit ist die Funktion arcsin differenzierbar an allen Stellen $b = \sin a$, $a \in \left]-\frac{\pi}{2}, \frac{\pi}{2}\right[$, also in allen $b \in]-1, 1[$. Es ist:

$$\arcsin' b = \frac{1}{\sin'(a)} = \frac{1}{\cos a} = \frac{1}{\sqrt{1-\sin^2 a}} = \frac{1}{\sqrt{1-b^2}}.$$

Die auf das Intervall $[0, \pi]$ eingeschränkte Kosinusfunktion ist stetig und streng monoton fallend von $+1$ bis -1. Es existiert also dort ihre Umkehrfunktion. Sie wird mit arccos bezeichnet und Arcuscosinusfunktion genannt.

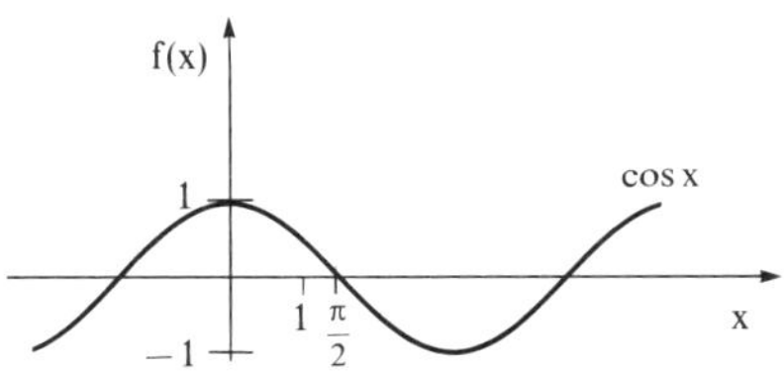

Abbildung 3.17

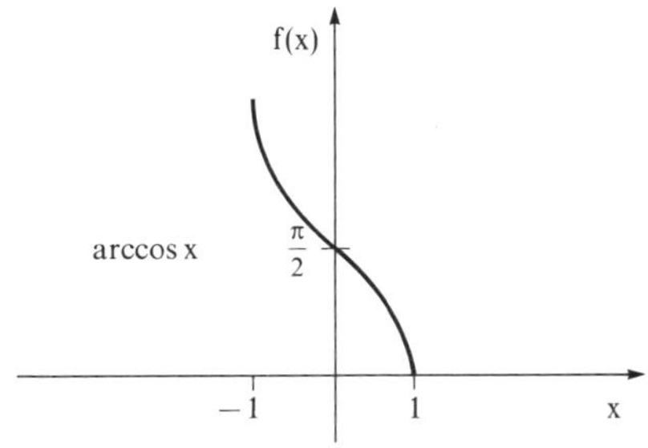

Abbildung 3.18

Definition 3.8: Unter der **Arcuscosinusfunktion**

$$\arccos\colon [-1, 1] \to [0, \pi]$$

versteht man die Umkehrfunktion der auf $[0, \pi]$ eingeschränkten Kosinusfunktion.

Für alle $a \in]0, \pi[$ ist $\cos'(a) = -\sin(a) \neq 0$. Damit ist die Funktion arccos differenzierbar an allen Stellen $b = \cos a$, $a \in]0, \pi[$, also in allen $b \in]-1, 1[$. Es ist

$$\arccos' b = \frac{1}{\cos'(a)} = -\frac{1}{\sin a} = -\frac{1}{\sqrt{1-\cos^2 a}} = -\frac{1}{\sqrt{1-b^2}}.$$

Die auf das Intervall $\left]-\frac{\pi}{2}, \frac{\pi}{2}\right[$ eingeschränkte Tangensfunktion ist umkehrbar. Die Umkehrfunktion wird mit arctan bezeichnet und Arcustangensfunktion genannt.

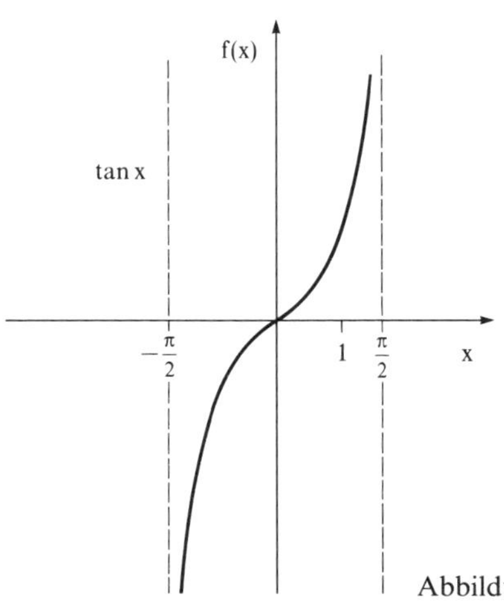

Abbildung 3.19

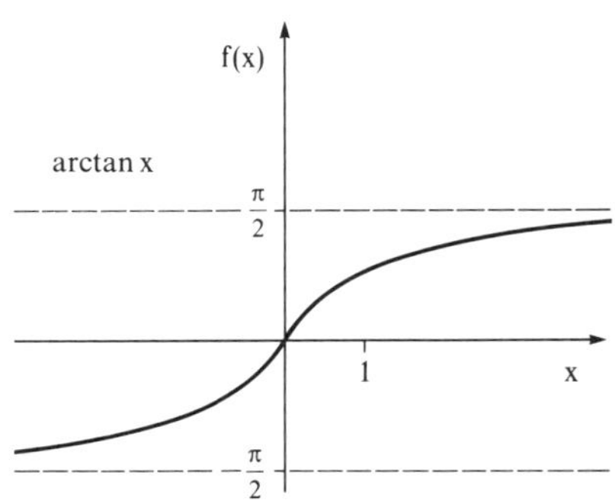

Abbildung 3.20

Definition 3.9: Unter der **Arcustangensfunktion**

$$\arctan\colon \mathbb{R} \to \left]-\frac{\pi}{2}, \frac{\pi}{2}\right[$$

versteht man die Umkehrfunktion der auf $\left]-\frac{\pi}{2}, \frac{\pi}{2}\right[$ eingeschränkten Tangensfunktion.

Für alle $a \in \left]-\frac{\pi}{2}, \frac{\pi}{2}\right[$ ist $\tan'(a) = 1 + (\tan a)^2 \neq 0$. Somit ist die Funktion arctan differenzierbar an allen Stellen $b = \tan a$, $a \in \left]-\frac{\pi}{2}, \frac{\pi}{2}\right[$, also in allen $b \in \mathbb{R}$. Es ist

$$\arctan'(b) = \frac{1}{\tan'(a)} = \frac{1}{1+b^2}.$$

Die auf das Intervall $]0, \pi[$ eingeschränkte Kotangensfunktion ist umkehrbar. Die Umkehrfunktion wird mit arccot bezeichnet und Arcuskotangensfunktion genannt.

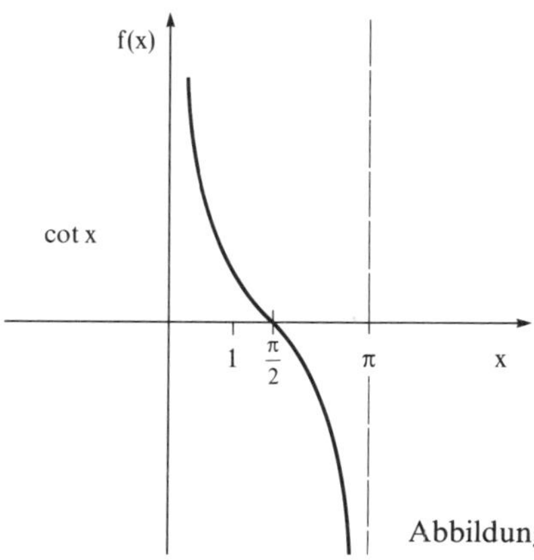

Abbildung 3.21

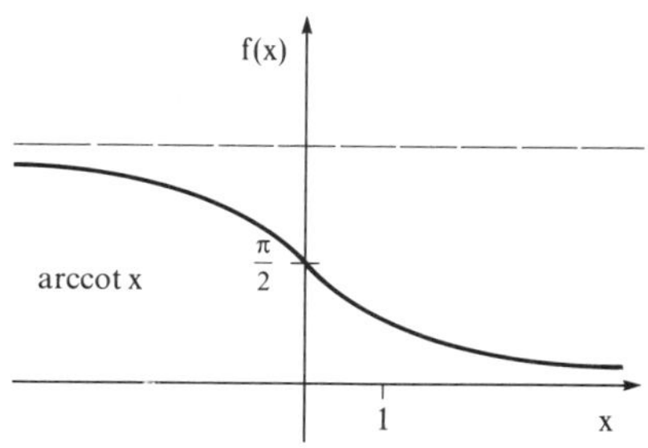

Abbildung 3.22

Definition 3.10: Unter der **Arcuskotangensfunktion**

$$\operatorname{arccot}\colon \mathbb{R} \to]0, \pi[$$

versteht man die Umkehrfunktion der auf $]0, \pi[$ eingeschränkten Kotangensfunktion.

Für alle $a \in]0, \pi[$ ist $\cot'(a) = -(1 + (\cot a)^2) \neq 0$. Also ist die Funktion arccot differenzierbar an allen Stellen $b = \cot a$, $a \in]0, \pi[$, also an allen Stellen $b \in \mathbb{R}$. Es gilt:

$$\operatorname{arccot}'(b) = \frac{1}{\cot'(a)} = -\frac{1}{1+b^2}.$$

Abschlußtest

Aufgabe 1: Berechnen Sie $f'(x)$:

a) $f(x)=x^2(1-4x^3)$

b) $f(x)=(x^2-2x)\sqrt{x}\cdot\sin x$

c) $f(x)=\dfrac{x^3}{1+4x^2}$

d) $f(x)=\sqrt{1+2x^2}$

e) $f(x)=\sqrt{\dfrac{x}{x+1}}$

Aufgabe 2: Zeigen Sie, daß die Funktion f an der Stelle x_0 nicht differenzierbar ist. Bestimmen Sie dazu eine Folge $\langle h_n\rangle$, $h_n \neq 0$, $\lim\limits_{n\to\infty} h_n=0$, für die die Folge der Differenzquotienten $\left\langle\dfrac{f(x_0+h_n)-f(x_0)}{h_n}\right\rangle$ nicht konvergiert.

a) $f(x)=|x-3|;\ x_0=3$

b) $f(x)=|x^2-2x-3|;\ x_0=3$

Aufgabe 3: Bestimmen Sie die Gleichung der Tangente von f in x_0:

a) $f(x)=(x^4-2x^3)\sqrt{x};\ x_0=1$

b) $f(x)=\dfrac{\sqrt{x}-3}{\sqrt{x}+3};\ x_0=4$

c) $f(x)=\dfrac{1}{\sqrt{1-x^2}};\ x_0=\dfrac{1}{2}$

4. Kapitel: Kurvendiskussion

4.1 Einleitung

In Ihrem Unterricht haben Sie Kurvenuntersuchungen durchgeführt. Gegeben war eine Funktion f: $\mathbb{D}_f \to \mathbb{R}$; Ihre Aufgabe bestand dann darin, die wesentlichen Punkte des Graphen von f rechnerisch zu ermitteln, um dann den Graphen zeichnen zu können. Zur Lösung dieses Problems haben Sie die folgenden Einzelaufgaben bearbeitet:

1. Bestimmung des maximalen Definitionsbereiches
2. Untersuchung der Funktion auf Stetigkeit oder Differenzierbarkeit
3. Bestimmung der Schnittpunkte des Graphen mit den Koordinatenachsen
4. Untersuchung des Graphen auf Symmetrieeigenschaften
5. Verhalten des Graphen an Definitionslücken (Stichworte: schließbare Lücke, Sprungstelle, Polstelle mit oder ohne Vorzeichenwechsel)
6. Verhalten des Graphen für $x \to \pm\infty$; Bestimmung von Asymptotenfunktionen
7. Untersuchung des Graphen auf Beschränktheit
8. Bestimmung des Monotonieverhaltens des Graphen von f
9. Bestimmung der lokalen Maxima und lokalen Minima
10. Untersuchung des Graphen auf sein Krümmungsverhalten
11. Bestimmung von Wendepunkten oder Sattelpunkten
12. Zeichnen des Graphen von f.

Mit den Eigenschaften 1.–7. haben wir uns schon in den vorangegangenen Abschnitten bzw. in Band I beschäftigt. In diesem Kapitel werden wir untersuchen, inwieweit die Differentialrechnung Methoden bereitstellt, die Punkte 8.–11. zu behandeln.
Aus dem Kapitel über Eigenschaften von Funktionen kennen Sie schon eine Methode zur Monotonieuntersuchung; in diesem Kapitel werden die Monotonieintervalle von Funktionen mit Hilfe ihrer ersten Ableitung bestimmt.
Falls Sie in Ihrem Unterricht den einen oder anderen der angegebenen Punkte nicht behandelt haben, so können Sie diese hier natürlich auch überlesen.
Zu Beginn der Wiederholung soll noch einmal veranschaulicht werden, welche Aussagen die Ableitungsfunktionen f′, f″ und f‴ über den Graphen einer Funktion f machen und umgekehrt. Die nachfolgenden Zeichnungen sind Graphen einer Funktion f und ihrer Ableitungsfunktionen f′, f″ und f‴. Dabei liegen die Einheiten der x-Achsen in allen vier Koordinatensystemen genau untereinander und haben auch gleiche Einheiten. Die Einheiten müssen auf den verschiedenen f(x)-Achsen der Darstellbarkeit wegen etwas verändert werden.

<ins>*Beispiel 1:*</ins>

Sei $f(x) = 0{,}5 \cdot x^4 - 3x^2 + 4$
$\Rightarrow f'(x) = 2x^3 - 6x$
$\Rightarrow f''(x) = 6x^2 - 6$
$\Rightarrow f'''(x) = 12x.$

Wenn Sie die gezeichneten Graphen miteinander vergleichen, sind die folgenden Eigenschaften sofort ersichtlich:

- f ist monoton fallend für $x < x_1$ und $x_3 < x < x_5$. f′ ist hier negativ.
- f ist monoton steigend über den Teilmengen von $\mathbb{D}_f$, über denen $f' > 0$ gilt (für $x_1 < x < x_3$ und $x > x_5$).
- An den Stellen x_1, x_3 und x_5 liegt also jeweils ein Monotoniewechsel vor. Der Graph von f′ hat hier jeweils eine Nullstelle. f″ ist an den lokalen Tiefpunkten von f (x_1 und x_5) positiv und an dem lokalen Hochpunkt (x_3) negativ.
- Der Graph von f′ ist monoton steigend genau über den Teilmengen des Definitionsbereiches, über denen f „linksgekrümmt“ und f″ positiv ist (für $x < x_2$ und $x > x_4$). Stellen Sie sich zur Klärung des Begriffs der Krümmung einmal vor, Sie fahren mit einem Fahrrad oder Motorrad auf einer Straße, deren Verlauf dem Graphen von f folgt, und zwar in Richtung der positiven x-Achse. Sie würden sich doch sicher bis zum Punkt (x_2/y_2) etwas nach links legen, vom Punkt (x_2/y_2) bis (x_4/y_4) etwas nach rechts und danach wieder nach links.
- Der Graph von f′ ist monoton fallend genau über den Teilmengen von $\mathbb{D}_f$, über denen f rechtsgekrümmt und f″ negativ ist (für $x_2 < x < x_4$).
- An den Stellen x_2 und x_4 ändert der Graph von f also sein Krümmungsverhalten; der Graph von f′

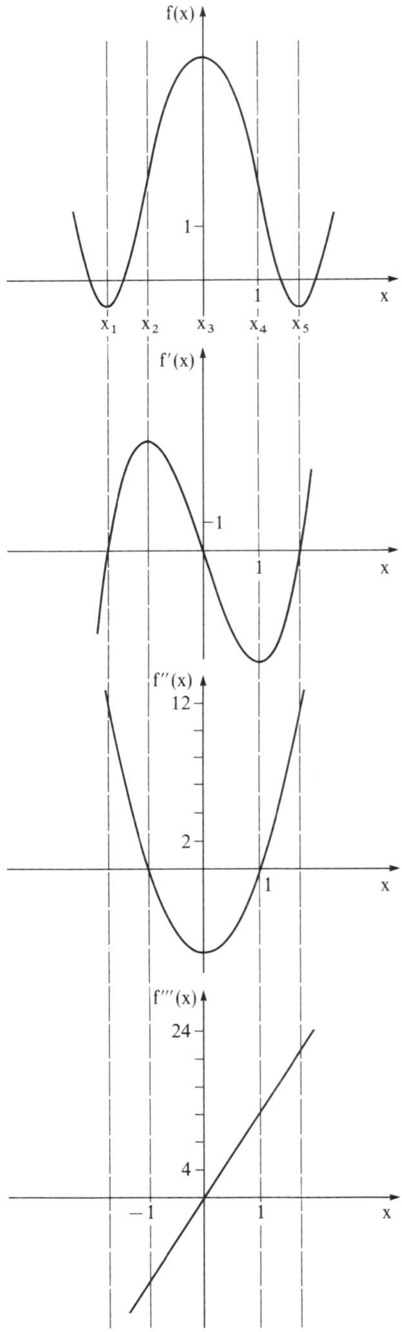

Abbildung 4.1

hat hier jeweils eine Extremstelle und f'' Nullstellen. Außerdem gilt: $f'''(x_2)<0$ und $f'''(x_4)>0$. Man nennt solche Stellen Wendestellen.

Zur genauen Übersicht sind die eben beschriebenen Eigenschaften noch einmal in der folgenden Tabelle zusammengestellt. Dabei werden in der Tabelle keine Aussagen über die mathematisch exakte Folgerungsrichtung gemacht. Diese bilden den Inhalt der nachfolgenden Sätze.
Achten Sie bitte bei der Betrachtung der Tabelle darauf, daß sich die Eigenschaften von f in der oberen Hälfte der Tabelle auf die von f' in der unteren Hälfte „vererben", ebenso wie die von f' auf die von f'' und die von f'' auf die von f''' usw.

Eigenschaften von f	streng monoton steigend für $x \in]a, b[$	streng monoton fallend für $x \in]a, b[$	Monotoniewechsel von streng monoton steigend zu streng monoton fallend in x_0	Monotoniewechsel von streng monoton fallend zu streng monoton steigend in x_0
Eigenschaften von f'	für alle $x \in]a, b[$ gilt: $f'(x)>0$	für alle $x \in]a, b[$ gilt: $f'(x)<0$	$f'(x_0)=0$	$f'(x_0)=0$
Eigenschaften von f''			$f''(x_0)<0$	$f''(x_0)>0$
Eigenschaften von f'''				
Eigenschaften von f	linksgekrümmt für $x \in]a, b[$	rechtsgekrümmt für $x \in]a, b[$	Krümmungswechsel von links- nach rechtsgekrümmt in x_0	Krümmungswechsel von rechts- nach linksgekrümmt in x_0
Eigenschaften von f'	streng monoton steigend für $x \in]a, b[$	streng monoton fallend für $x \in]a, b[$	Monotoniewechsel von streng monoton steigend zu streng monoton fallend in x_0	Monotoniewechsel von streng monoton fallend zu streng monoton steigend in x_0
Eigenschaften von f''	für alle $x \in]a, b[$ gilt: $f''(x)>0$	für alle $x \in]a, b[$ gilt: $f''(x)<0$	$f''(x_0)=0$	$f''(x_0)=0$
Eigenschaften von f'''			$f'''(x_0)<0$	$f'''(x_0)>0$

Beginnen wir mit der Untersuchung des Zusammenhangs zwischen der Monotonie von f und den Eigenschaften von f'.

4.2 Monotoniekriterien

Es gilt der folgende Satz:

Satz 4.1: Gegeben sei eine über dem Intervall]a, b[differenzierbare Funktion f. Dann gilt:

a) f ist über]a, b[monoton steigend $\Leftrightarrow$ $f'(x) \geq 0$ für alle $x \in]a, b[$.

b) f ist über]a, b[monoton fallend $\Leftrightarrow$ $f'(x) \leq 0$ für alle $x \in]a, b[$.

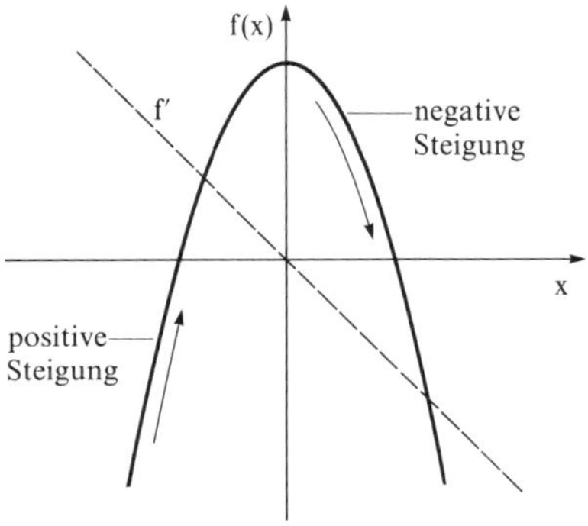

Abbildung 4.2

Die Aussage des Satzes ist anschaulich unmittelbar verständlich. Für die strenge Monotonie gilt der Satz 4.1 nur in einer abgeschwächten Form:

Satz 4.2: Sei f: $x \to f(x)$ eine über dem Intervall]a, b[differenzierbare Funktion.

a) Gilt für alle $x \in]a, b[$ $f'(x) > 0$ $\Rightarrow$ f ist streng monoton steigend.

b) Gilt für alle $x \in]a, b[$ $f'(x) < 0$ $\Rightarrow$ f ist streng monoton fallend.

Es gilt nicht die Umkehrung. Betrachten Sie dazu das folgende Beispiel:

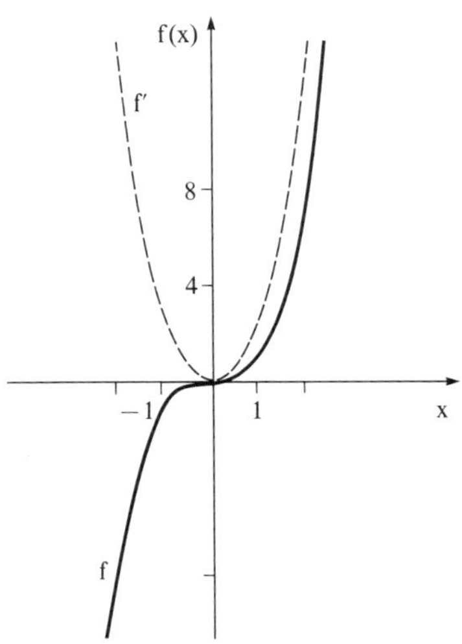

Beispiel 2: Sei $f(x) = x^3$. Die Funktion f ist auf ihrem gesamten Definitionsbereich ($\mathbb{D}_f = \mathbb{R}$) streng monoton steigend, aber es ist $f'(0) = 0$; $f'(x)$ ist also nicht für alle $x \in \mathbb{D}_f$ größer als Null.

Also kann man aus der strengen Monotonie einer Funktion nicht folgern, daß die Ableitung der Funktion nur positiv (bzw. nur negativ) ist.

Abbildung 4.3

Zum Beweis der Sätze 4.1 und 4.2 benötigt man zwei weitere mathematische Sätze: den Satz von Rolle und den Mittelwertsatz, die beide anschaulich sofort einsichtig sind. Die genauen Beweise können Sie in Ihrem Schulbuch nachlesen.

Satz 4.3 (Satz von Rolle): Sei f eine über einem Intervall [a, b] differenzierbare Funktion und gilt: $f(a)=f(b)$. Dann gibt es wenigstens eine Stelle $x_0 \in]a, b[$ für die $f'(x_0)=0$ gilt.

Veranschaulicht man die Aussage des Satzes an der nebenstehenden Zeichnung, so sagt er eigentlich aus, daß es für differenzierbare Funktionen immer eine Stelle x_0 zwischen a und b mit waagerechter Tangente gibt, falls die Funktionswerte an den beiden Stellen a und b übereinstimmen.

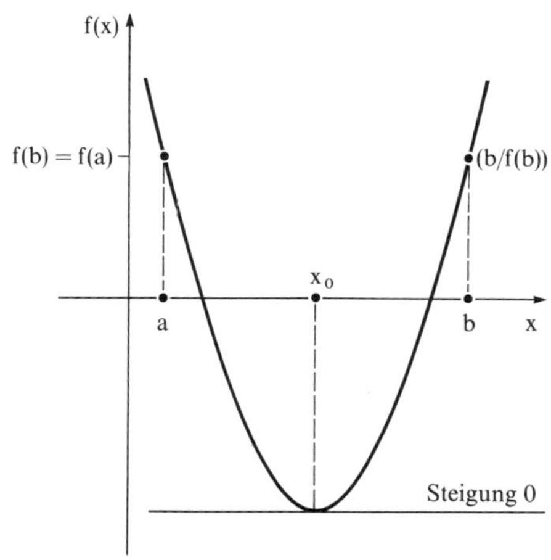

Abbildung 4.4

Aus dem Satz von Rolle läßt sich der Mittelwertsatz der Differentialrechnung ableiten.

Satz 4.4 (Mittelwertsatz der Differentialrechnung): Sei f eine über einem Intervall [a, b] differenzierbare Funktion. Dann folgt: Es gibt mindestens ein $x_0 \in]a, b[$ mit

$$f'(x_0)=\frac{f(b)-f(a)}{b-a}.$$

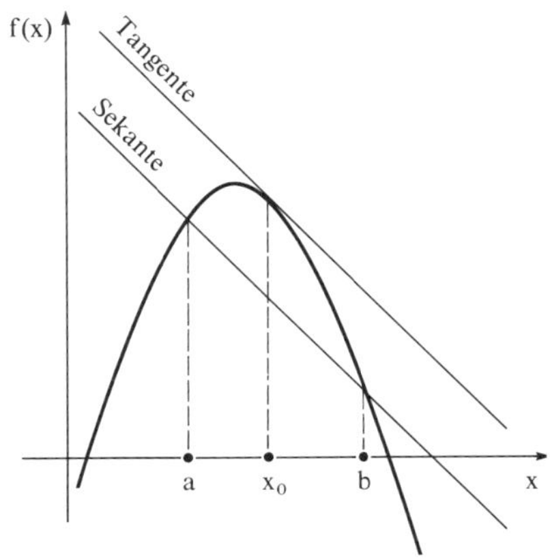

Veranschaulicht man die Aussage des Satzes an dem folgenden Beispiel, so bedeutet sie gerade, daß es zu jeder Sekante durch die Punkte (a/f(a)) und (b/f(b)) eine parallele Tangente an den Graphen gibt, wobei der gemeinsame Punkt zwischen Tangente und Graph eben $(x_0/f(x_0))$ ist.

Abbildung 4.5

Wir wenden uns jetzt wieder dem Einführungsbeispiel zu und wollen unter Benutzung der Sätze 4.1 und 4.2, d.h. mit Hilfe der 1. Ableitungsfunktion berechnen, über welchen Teilmengen des Definitionsbereiches f(x) monoton steigend ist.

1. Weiterführung des Beispiels 1:

$f(x)=\frac{1}{2}x^4-3x^2+4 \Rightarrow f'(x)=2x^3-6x.$

Zur Bestimmung von Intervallen, über denen f monoton steigend ist, ist die Lösungsmenge der Ungleichung $2x^3-6x\geq 0$ zu ermitteln:

$$
\begin{aligned}
& 2x^3-6x\geq 0 \\
\Leftrightarrow\ & 2x(x^2-3)\geq 0 \\
\Leftrightarrow\ & (x\geq 0 \wedge x^2\geq 3) \vee (x\leq 0 \wedge x^2\leq 3) \\
\Leftrightarrow\ & x\geq\sqrt{3} \qquad \vee -\sqrt{3}\leq x\leq 0
\end{aligned}
$$

Die Anwendung des Satzes 4.1 ergibt: f ist monoton steigend in den Bereichen $[-\sqrt{3};\,0]$ und $[\sqrt{3};\,\infty[$.

Aufgabe 1: Bestimmen Sie rechnerisch, über welchen Teilmengen des Definitionsbereiches die Funktion $f(x)=\frac{1}{2}x^4-3x^2+4$ aus Beispiel 1 monoton fallend ist.

Aufgabe 2: Untersuchen Sie, über welchen Teilmengen des Definitionsbereiches die folgenden Funktionen monoton steigend bzw. fallend sind:

a) $f(x)=x^3-2x^2+4$ $\quad \mathbb{D}_f=\mathbb{R}$

b) $f(x)=\sin x$ $\quad \mathbb{D}_f=[-2\pi;\,2\pi]$

c) $f(x)=\dfrac{x}{x^2-1}$ $\quad \mathbb{D}_f=\mathbb{R}\setminus\{1,\,-1\}$

Im nächsten Teil dieses Kapitels werden wir uns mit der Änderung des Monotonieverhaltens beschäftigen. Diese Untersuchungen führen auf die Begriffe lokaler Hoch- und lokaler Tiefpunkt, die wir zu Beginn wiederholen wollen.

4.3 Hoch- und Tiefpunkte

Der Anschauung entnimmt man aus Abbildung 4.6, daß die Punkte $A(x_1/f(x_1))$ und $C(x_3/f(x_3))$ lokale Hochpunkte sind und $B(x_2/f(x_2))$ ein lokaler Tiefpunkt ist. Da $f(x_3)$ über dem Intervall [a, b] auch gleichzeitig der größte Funktionswert ist, ist C auch ein absoluter Hochpunkt, während Punkt D(b/f(b)) der absolute Tiefpunkt über dem Intervall [a, b] ist, da f(b) über dieser Menge der kleinste Funktionswert ist.

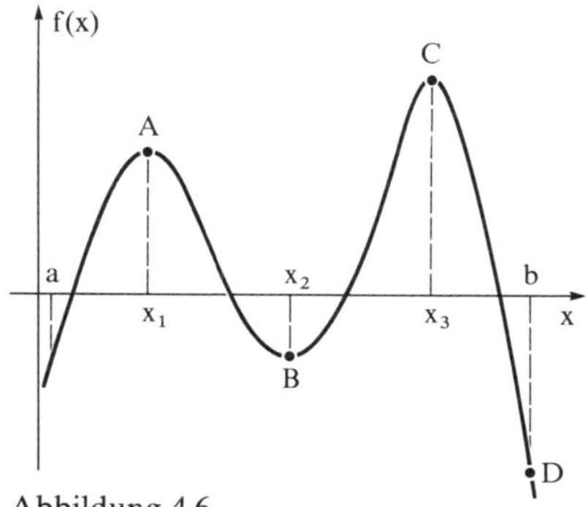

Abbildung 4.6

Ein lokaler Hochpunkt (lokaler Tiefpunkt) kann also gleichzeitig absoluter Hochpunkt (absoluter Tiefpunkt) sein, muß es aber nicht automatisch sein. Schauen Sie sich bitte zur Wiederholung noch einmal die Definitionen 1.1 und 1.2 aus Kapitel 1.1 an!
Beschäftigen Sie sich zunächst zur Vertiefung der Begriffe mit der folgenden Aufgabe:

Aufgabe 3: Beweisen Sie:

a) Die Funktion $f_1(x)=|x|$ hat an der Stelle $x_0=0$ einen lokalen Tiefpunkt.

b) Die Funktion $f_2(x)=||x|-2|$ hat an den Stellen $x_1=-2$ und $x_2=2$ lokale Tiefpunkte und an der Stelle $x_0=0$ einen lokalen Hochpunkt.

c) Zeichnen Sie zur Veranschaulichung die Graphen von f_1 und f_2.

Wenn Sie sich jetzt noch einmal die Abbildung 4.6 anschauen und sich die Definitionen für Extrempunkte vergegenwärtigen, so ergibt sich aus der Anschauung sofort der folgende Satz:

> **Satz 4.5:** Sei f eine über]a, b[differenzierbare Funktion und sei x_0 eine lokale Extremstelle von f. Dann folgt: $f'(x_0)=0$.

Für die konkrete Berechnung von Extremstellen wäre es wünschenswert, wenn der Satz 4.5 umkehrbar wäre. Man könnte dann aus den Nullstellen der ersten Ableitung auf die Extremstellen von f schließen. Leider ist das nicht möglich. Betrachten Sie dazu das folgende Beispiel:

Beispiel 3: $f(x)=x^3$. Es gilt: $f'(x)=3x^2 \Rightarrow f'(0)=0$.
Wie Sie aber wissen, ist f eine streng monoton steigende Funktion und kann daher keine Extremstelle haben.

Natürlich gilt aber die Kontraposition des Satzes, nämlich die Aussage:

> **Satz 4.5*:** Sei f eine über]a, b[differenzierbare Funktion und $x_0 \in]a, b[$. Dann gilt: $f'(x_0) \neq 0 \Rightarrow x_0$ ist keine lokale Extremstelle von f.

Die Bedingung „$f'(x_0)=0$“ in Satz 4.5 nennt man **notwendige Bedingung**, weil aus der Existenz der lokalen Extremstelle in x_0 notwendig folgt, daß $f'(x_0)=0$ ist.
Eine **hinreichende Bedingung** müßte ein Kriterium sein, mit dessen Hilfe man Extremstellen konkret berechnen kann, d.h. aus einer bestimmten Voraussetzung müßte sich folgern lassen, daß x_0 eine lokale Extremstelle ist.
Ein solches Kriterium liefert der folgende Satz:

Satz 4.6: Sei $f:]a, b[\to \mathbb{R}$ und $x_0 \in]a, b[$. Es sei f stetig in x_0 und differenzierbar auf $]a, b[$, evtl. mit Ausnahme der Stelle x_0. Dann gilt:

a) f hat in x_0 ein **lokales Minimum**, wenn es eine Umgebung $U(x_0) \subseteq]a, b[$ gibt, mit der Eigenschaft: $f'(x)<0$ für alle $x<x_0$ und $f'(x)>0$ für alle $x>x_0$.

b) f hat in x_0 ein **lokales Maximum**, wenn es eine Umgebung $U(x_0) \subseteq]a, b[$ gibt, mit der Eigenschaft: $f'(x)>0$ für alle $x<x_0$ und $f'(x)<0$ für alle $x>x_0$.

Veranschaulicht wird der Satz 4.6 durch die Abbildung 4.7:

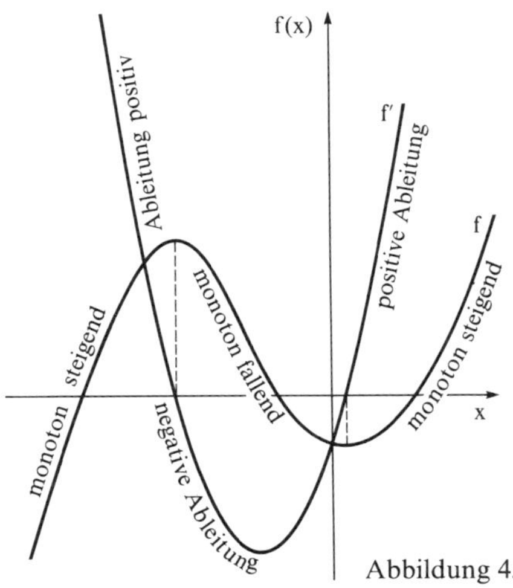

Abbildung 4.7

Die Sätze 4.5 und 4.6 ermöglichen nun die rechnerische Bestimmung lokaler Extrema.
Satz 4.5 besagt, daß höchstens die Elemente aus der Lösungsmenge von $f'(x)=0$ lokale Extremstellen sein können. Diese Stellen gilt es dann mit Satz 4.6 zu untersuchen.

2. Weiterführung des Beispiels 1:

$f(x)=\frac{1}{2}\cdot x^4-3x^2+4 \Rightarrow f'(x)=2x^3-6x.$

1. Schritt:
Es wird die Lösungsmenge von $2x^3-6x=0$ bestimmt:
$\mathbb{L}_x=\{-\sqrt{3}, 0, \sqrt{3}\}$.
Satz 4.5 besagt nun, daß höchstens die Elemente dieser Menge $\mathbb{L}_x$, also $-\sqrt{3}$, 0 oder $\sqrt{3}$ Extremstellen sein können.

2. Schritt:

Wir betrachten die Stelle $x_0 = 0$.
Es muß untersucht werden, ob es eine Umgebung von x_0 gibt, in der das Vorzeichen der Ableitung wechselt.
Es sei $U(x_0) =]-1; 1[$.
Aus der ersten Weiterführung des Beispiels 1 und der Aufgabe 1 wissen Sie aber schon, daß f über $[-1; 0]$ monoton steigt und über $[0; 1]$ monoton fällt.
Also sind die Voraussetzungen von Satz 4.6 b) erfüllt.
An der Stelle $x_0 = 0$ liegt also ein lokales Minimum von f.

Aufgabe 4: Gegeben sei die Funktion $f(x) = \frac{1}{4} \cdot x^4 - 2x^3 + \frac{3}{2} \cdot x^2 + 10x - 1$

a) Bestimmen Sie die Stellen mit waagerechter Tangente.
b) Weisen Sie nach, daß an der Stelle $x_0 = 2$ ein lokales Maximum vorliegt.
c) Weisen Sie nach, daß an der Stelle $x_0 = -1$ ein lokales Minimum vorliegt.

Lieferte Satz 4.5 eine notwendige, aber keine hinreichende Bedingung, so ist die Aussage von Satz 4.6 hinreichend, aber nicht notwendig, da es Funktionen gibt, die an einer Stelle x_0 eine lokale Extremstelle haben, für die aber in jeder beliebigen Umgebung von x_0 noch x_1, x_2 ($x_1, x_2 < x_0$ oder $x_1, x_2 > x_0$) zu finden sind, so daß $f'(x_1) > 0$ und $f'(x_2) < 0$.
Die Anwendung der beiden Sätze 4.5 und 4.6 ist doch ein recht mühsames Unterfangen. Ein einfacher handhabbares Kriterium bekommt man mit Hilfe des Satzes 4.6, wenn die betrachtete Funktion zweimal differenzierbar ist:
Wenn $f''(x) < 0$ auf einer Umgebung $U(x_0)$ gilt, folgt f' ist auf $U(x_0)$ streng monoton fallend. Wegen $f'(x_0) = 0$ gilt also:
$f'(x) > 0$ für $x < x_0$, $f'(x) < 0$ für $x > x_0$. Daraus folgt dann (mit Satz 4.6): x_0 ist lokale Minimalstelle.
Also gilt:

Satz 4.7: Sei $f:]a, b[\to \mathbb{R}$ in x_0 zweimal differenzierbar und $f'(x_0) = 0$. Dann hat f in x_0

a) einen lokalen Hochpunkt, wenn $f''(x) < 0$ auf einer Umgebung von x_0;
b) einen lokalen Tiefpunkt, wenn $f''(x) > 0$ auf einer Umgebung von x_0.

Der Satz 4.7 gilt sogar unter schwächerer Voraussetzung. Man braucht f'' gar nicht auf einer Umgebung von x_0 zu untersuchen. Es genügt, den Wert für x_0 zu kennen.

Satz 4.8: Sei $f:]a, b[\to \mathbb{R}$ in x_0 zweimal differenzierbar. Dann gilt:

a) Aus $f'(x_0) = 0$ und $f''(x_0) < 0$ folgt: f hat in x_0 ein lokales Maximum.
b) Aus $f'(x_0) = 0$ und $f''(x_0) > 0$ folgt: f hat in x_0 ein lokales Minimum.

Der Satz 4.8 soll noch einmal auf unser Einführungsbeispiel angewandt werden:

3. Weiterführung des Beispiels 1:

$f(x)=\frac{1}{2}x^4-3x^2+4, \quad f'(x)=2x^3-6x, \quad f''(x)=6x^2-6$

$f'(x)=0$ für $x\in\{-\sqrt{3}, 0, \sqrt{3}\}$

$f''(-\sqrt{3})=6\cdot 3-6=12>0 \Rightarrow x_0=-\sqrt{3}$ ist lokale Minimalstelle;

$f''(0) \quad =-6 \quad <0 \Rightarrow x_0= \quad 0$ ist lokale Maximalstelle;

$f''(\sqrt{3}) \quad =6\cdot 3-6=12>0 \Rightarrow x_0= \quad \sqrt{3}$ ist lokale Minimalstelle;

Wenn man den Rechenaufwand bei der Anwendung der Sätze 4.5 und 4.6 für dieses Beispiel 1 vergleicht mit dem Aufwand unter Anwendung des Satzes 4.8, so erkennt man deutlich den Vorteil, den der Satz 4.8 gebracht hat. Zur Anwendung des Satzes 4.8 noch ein weiteres Beispiel:

Beispiel 4: Untersuchen Sie die Funktion $f(x)=\frac{3x}{x^2+1}$, $x\in\mathbb{R}$ auf lokale Maxima und Minima.

1. Schritt: Bildung der Ableitungen:

$$f'(x)=\frac{3(x^2+1)-3x\cdot 2x}{(x^2+1)^2}=\frac{-3x^2+3}{(x^2+1)^2}$$

$$f''(x)=\frac{-6x(x^2+1)^2-(-3x^2+3)\cdot(x^2+1)\cdot 2\cdot 2x}{(x^2+1)^4}=\frac{6x^3-18x}{(x^2+1)^3}$$

2. Schritt: Berechnung der Nullstellen von $f'(x)$:

$$f'(x)=0 \Leftrightarrow -3x^2+3=0 \Leftrightarrow x=1 \vee x=-1.$$

3. Schritt: Bestimmung des Vorzeichens von $f''(x_0)$ für $x_0\in\{x/f'(x)=0\}$:

$$f''(1) \quad =\frac{6-18}{(1+1)^3}=\frac{-12}{2^3}<0 \Rightarrow x_0=1 \quad \text{ist lokale Maximalstelle;}$$

$$f''(-1)=\frac{-6+18}{(1+1)^3}=\frac{12}{2^3}>0 \Rightarrow x_0=-1 \quad \text{ist lokale Minimalstelle.}$$

Aufgabe 5: Untersuchen Sie die folgenden Funktionen auf Extremstellen unter Anwendung des Satzes 4.8.

a) $f(x)=x^3-2x^2+4 \qquad \mathbb{D}_f=\mathbb{R}$

b) $f(x)=\sin x \qquad \mathbb{D}_f=[-2\pi, 2\pi]$

c) $f(x)=\frac{x}{x^2-1} \qquad \mathbb{D}_f=\mathbb{R}\setminus\{-1, 1\}$

Ebenso wie einige schon vorher betrachtete Sätze sind auch die Sätze 4.7 und 4.8 nicht umkehrbar. Dazu ein Gegenbeispiel:

Beispiel 5: Betrachten Sie die Funktion $f(x)=x^4$. Dann gilt: $f'(x)=4x^3$ und $f''(x)=12x^2$. Wie Sie wissen, hat der Graph in (0/0) einen Tiefpunkt. Es gilt zwar $f'(0)=0$, aber $f''(0)$ ist auch gleich Null, d.h. es gibt einen Tiefpunkt, obwohl die zweite Ableitung nicht verschieden von Null ist.

Vergleichen Sie die beiden hinreichenden Kriterien für die Untersuchung von Extremstellen, so ist der Satz 4.8 sicher immer dann einfacher anwendbar, wenn die zu untersuchende Funktion f zweimal differenzierbar ist oder wenn die zweite Ableitung ohne allzu großen Rechenaufwand gebildet werden kann.
Betrachten Sie aber einmal das nachfolgende Beispiel:

Beispiel 6: Es soll die Funktion $f(x)=|2x-3|-2$ auf Extremstellen untersucht werden. Lösung: f(x) ist für $x_0=1{,}5$ nicht differenzierbar. Man erhält vielmehr:

$$f'(x)=\begin{cases} 2 & \text{für } x>1{,}5 \\ -2 & \text{für } x<1{,}5 \end{cases}$$

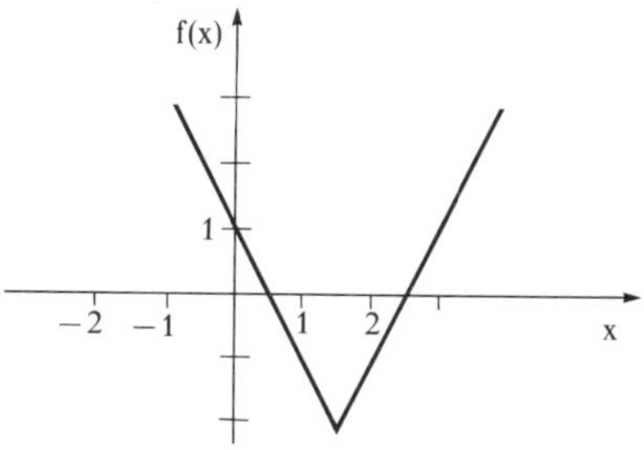

Abbildung 4.8

Da die Bedingung (a) des Satzes 4.6 erfüllt ist: $f'(x)<0$ für $x<x_0(=1{,}5)$ und $f'(x)>0$ für $x>x_0(=1{,}5)$ liegt also an der Stelle $x_0=1{,}5$ ein lokales Maximum vor. Mit Hilfe des Satzes 4.8 kann die Existenz dieses lokalen Minimums nicht nachgewiesen werden.
Gehen wir noch einmal zurück zu dem Beispiel 5: Es wäre doch sicher wünschenswert, wenn auch für $f(x)=x^4$ mit Hilfe der Ableitungen die Existenz eines lokalen Minimums nachgewiesen werden könnte. Untersucht man $f'(x)=4x^3$ und $f''(x)=12x^2$ auf ihre Extremstellen, so stellt man fest, daß $f''(x)$ an der Stelle $x_0=0$ ein lokales Minimum besitzt, an der auch f ein lokales Minimum hat. Dahinter steckt der allgemeine Sachverhalt:
Sei f eine Funktion, die in einer Umgebung $U(x_0)\subset[a, b]$ wenigstens zweimal differenzierbar ist, und es gelte $f'(x_0)=f''(x_0)=0$. Hat dann f'' bei x_0 ein lokales Maximum (Minimum), so auch f.
Diese Aussage ist deswegen interessant, weil man manchmal mit Hilfe der Ihnen bekannten Kriterien zunächst auf eine Extremstelle von f'' schließen kann und daraus dann mit obiger Aussage darauf, daß diese Stelle auch Extremstelle von f ist. So ist für $f(x)=x^4$; $f'(x)=4x^3$ und $f''(x)=12x^2$. f'' hat nach Satz 4.8 ein lokales Minimum in 0, da $f'''(x)=24x$, also $f'''(0)=0$ und $f^{IV}(x)=24$, also $f^{IV}(0)>0$ gilt.

Die obige Aussage läßt sich noch verallgemeinern:

Satz 4.9: Ist f eine in x_0 n-mal differenzierbare Funktion und gilt: $f'(x_0)=f''(x_0)=\ldots=f^{(n-1)}(x_0)=0$ und $f^{(n)}(x_0)\neq 0$ für eine gerade Zahl n, so hat

a) f an der Stelle x_0 ein lokales Maximum, wenn $f^{(n)}(x_0)<0$;

b) f an der Stelle x_0 ein lokales Minimum, wenn $f^{(n)}(x_0)>0$.

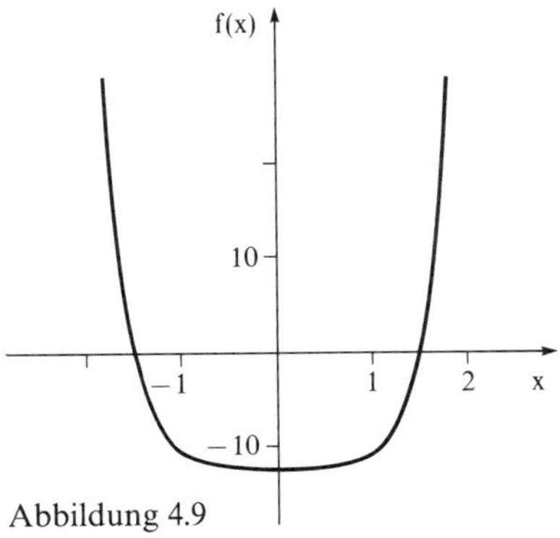

Abbildung 4.9

Beispiel 7: Betrachten Sie die Funktion $f(x)=x^6-12$; $\mathbb{D}_f=\mathbb{R}$. Es soll f(x) auf Extremstellen untersucht werden.

Es gilt:

$f'(x)=6x^5$; $f''(x)=30x^4$;
$f'''(x)=120x^3$; $f^{IV}(x)=360x^2$;
$f^{V}(x)=720x$; $f^{VI}(x)=720$.
$\Rightarrow f'(0)=f''(0)=f'''(0)=f^{IV}(0)=f^{V}(0)=0$, aber $f^{VI}(0)=720 \neq 0$.

Da $f^{VI}(0)>0$, hat f an der Stelle $x_0=0$ nach Satz 4.9 ein lokales Minimum.

Häufig werden Sie im Unterricht ganzrationale Funktionen auf Extremstellen untersucht haben. Daher ist eine Aussage über die Anzahl der Extremstellen interessant. Die Ableitungsfunktion einer Polynomfunktion vom Grad n ist wieder eine Polynomfunktion, aber vom Grad $n-1$. Im Band I haben Sie wiederholt, daß die Anzahl der Nullstellen einer ganzrationalen Funktion vom Grade n höchstens n sein kann. Wenn Sie diesen Satz auf lokale Extrema übertragen, so gilt:

Satz 4.10: Eine ganzrationale Funktion vom Grade n hat höchstens $n-1$ lokale Extremstellen.

Eine interessante Anwendung der Kriterien zur Berechnung von Extremstellen bietet das folgende Beispiel:

Beispiel 8: Ein Firma stellt zylinderförmige Konservendosen mit Deckel her. Die Dosen sollen ein Volumen von 850 ml haben. Wegen der Kosten des Materials ist es für die Firma wichtig, den Blechverbrauch möglichst gering zu halten. Berechnen Sie, wie groß Radius und Höhe der zylinderförmigen Dose sein müssen, damit der Materialverbrauch möglichst gering wird.

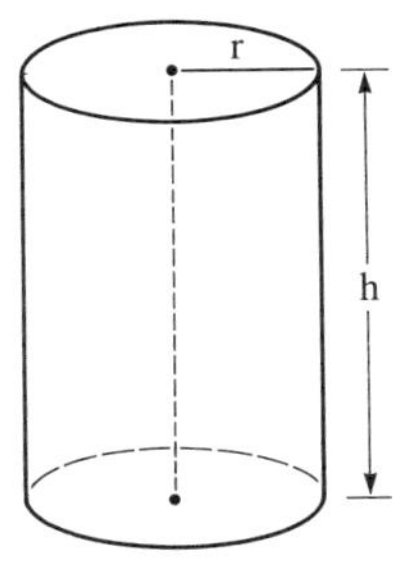

Abbildung 4.10

Lösung:

Zunächst benötigen wir eine Formel für die Oberfläche O eines Zylinders, die vom Radius und der Höhe abhängt:

$$O(r, h)=2\pi \cdot r^2+2\pi r \cdot h. \qquad (1)$$

Die Oberfläche kann als Funktion der beiden Variablen h und r aufgefaßt werden. Mit Hilfe des Zylindervolumens

$$V(r, h)=\pi r^2 h \qquad (2)$$

kann ein Zusammenhang zwischen den Variablen h und r hergeleitet werden, da die Oberfläche unter der Bedingung $V(r, h) = 850$ ml minimiert werden sollte:

$$850 = \pi \cdot r^2 \cdot h \Leftrightarrow h = \frac{850}{\pi r^2} \tag{3}$$

Setzt man diese Bedingung (die sogenannte Nebenbedingung) in die Funktion $O(r, h)$ (Gleichung (1)) ein, so erhält man:

$$O(r) = 2\pi r^2 + 2\pi \cdot r \cdot \frac{850}{r^2} = 2\pi r^2 + \frac{1700}{r}. \tag{4}$$

Mit der Ausnutzung der Nebenbedingung (3) haben wir jetzt erreicht, daß die Oberfläche eine Funktion der Variablen r allein wird. Eine solche Funktion können Sie aber – so weit sie auch noch zweimal differenzierbar ist – unter Anwendung des Satzes 4.9 auf Extremstellen untersuchen.
Bevor damit begonnen wird, geben wir den Definitionsbereich von $O(r)$ an. $O(r)$ ist für alle $r \in \mathbb{R} \setminus \{0\}$ definiert. Negative Radien sind aber für die Problemstellung nicht sinnvoll. Man erhält also als gesamte Zielfunktion:

$$O(r) = 2\pi \cdot r^2 + \frac{1700}{r}, \quad r > 0;$$

der zugehörige Graph ist in der nebenstehenden Abbildung 4.11 dargestellt.

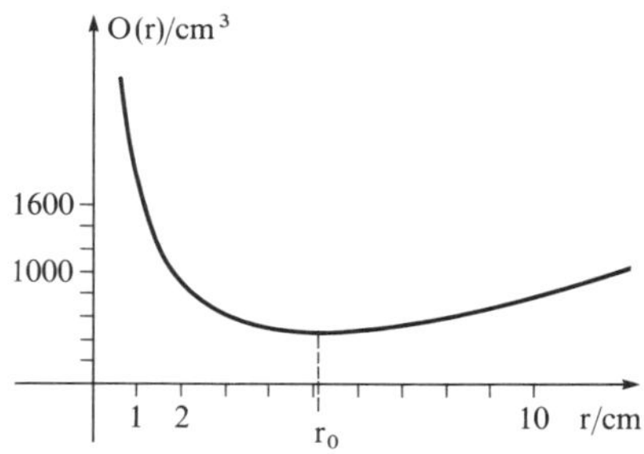

Abbildung 4.11

Diese Funktion ist zweimal differenzierbar über ihrem Definitionsbereich. Lokale Minima der Funktion kann man daher mit Hilfe des Satzes 4.9 bestimmen:

$$O'(r) = 4\pi \cdot r - \frac{1700}{r^2} = \frac{4\pi \cdot r^3 - 1700}{r^2}$$

$$O''(r) = \frac{12\pi \cdot r^2 \cdot r^2 - 2r \cdot (4\pi \cdot r^3 - 1700)}{r^4} = 4\pi + \frac{3400}{r^3}$$

$$O'(r) = 0 \Leftrightarrow 4\pi \cdot r^3 - 1700 = 0 \Leftrightarrow r = \sqrt[3]{\frac{1700}{4\pi}} \approx 5{,}13$$

$$O''\left(\sqrt[3]{\frac{1700}{4\pi}}\right) = 8\pi > 0$$

$\Rightarrow$ An der Stelle $r_0 = \sqrt[3]{\frac{1700}{4\pi}}$ hat $O(r)$ ein lokales Minimum.

Für $r \approx 5{,}13$ cm wird die Höhe der Dose $h \approx 10{,}27$ cm und die Oberfläche $O(r) \approx 496{,}74$ cm².
Ist damit das Problem gelöst? Ist $O(r)$ minimal für $r \approx 5{,}13$ cm und $h \approx 10{,}27$ cm?

Wir wiederholen:
Extrema der Zielfunktion im Inneren ihres Definitionsbereiches, das heißt lokale Extrema, findet man mit Hilfe der Differentialrechnung. Ein solches lokales Minimum oder Maximum muß aber nicht auch das globale Minimum oder Maximum sein. Dies kann auch in den Randpunkten des Definitionsbereiches angenommen werden (s. Abbildung 4.6). In unserer Aufgabe sieht man sehr leicht, daß das lokale Minimum auch gleichzeitig das absolute Minimum ist: Es ist O(r) monoton fallend für $r < r_0$ und monoton wachsend für $r > r_0$:

$$O'(r) < 0 \Leftrightarrow 4\pi \cdot r^3 - 1700 < 0 \Leftrightarrow r^3 < \frac{1700}{4} \Leftrightarrow r < \sqrt[3]{\frac{1700}{4}} = r_0$$

$$O'(r) > 0 \Leftrightarrow 4\pi \cdot r^3 - 1700 > 0 \Leftrightarrow r^3 > \frac{1700}{4} \Leftrightarrow r > \sqrt[3]{\frac{1700}{4}} = r_0.$$

Also liegt auch das globale Minimum bei $r \approx 5{,}13$ cm.
Messen Sie doch selbst den Radius einer Konservendose einmal nach!
Aufgaben des gerade behandelten Typs sind Ihnen aus Ihrem Unterricht als Extremwertaufgaben bekannt. Genauer behandelt werden diese Aufgaben im Band III dieser Reihe. Dort wird auch die Problematik der lokalen und globalen Extrema für solche Anwendungsprobleme wieder aufgegriffen.

Wir setzen das Thema Kurvendiskussion mit der Wiederholung des Begriffs der Wendestelle fort, der zu einer vollständigen Kurvenuntersuchung einer Funktion noch fehlt.

4.4 Wende- und Sattelpunkte

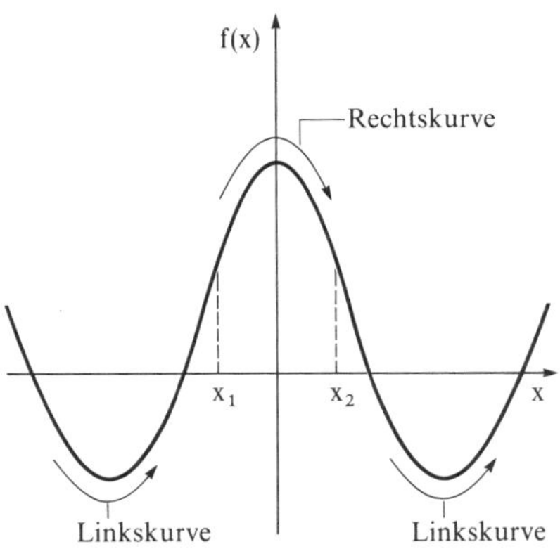

Aus der Abbildung 4.1 erinnern Sie sich, daß der Graph an den Wendestellen (x_2 und x_4) sein Krümmungsverhalten ändert (s. nebenstehende Abbildung). Zur Präzisierung müssen zunächst die Begriffe Rechts- und Linkskrümmung definiert werden, in der Einleitung wurden sie ja nur anschaulich gefaßt.

Abbildung 4.12

Definition 4.1: Sei f eine über]a, b[zweimal differenzierbare Funktion.

a) Der Graph von f heißt **rechtsgekrümmt** über]a, b[genau dann, wenn f'(x) über]a, b[streng monoton fallend ist.

b) Der Graph von f heißt **linksgekrümmt** über]a, b[genau dann, wenn f'(x) über]a, b[streng monoton steigend ist.

Aus dem Zusammenhang zwischen der Monotonie einer Funktion (in diesem Fall $f'(x)$) und der Ableitungsfunktion (in diesem Fall $f''(x)$) in Satz 4.2 folgt dann sofort:

Satz 4.11: Sei $f\colon\,]a, b[\to \mathbb{R}$ zweimal differenzierbar und

a) gilt für alle $x \in]a, b[$ $f''(x) < 0$, dann ist der Graph von f über $]a, b[$ rechtsgekrümmt.

b) gilt für alle $x \in]a, b[$ $f''(x) > 0$, dann ist der Graph von f über $]a, b[$ linksgekrümmt.

Das Folgerungszeichen läßt sich nicht umkehren, weil auch der Satz 4.2 nicht umkehrbar ist.

Definition 4.2: Eine Stelle $x_0 \in \mathbb{D}_f$ heißt **Wendestelle** des Graphen von f genau dann, wenn f in x_0 sein Krümmungsverhalten ändert. Der Punkt $(x_0/f(x_0))$ heißt **Wendepunkt**.

Ein spezieller Wendepunkt liegt bei der Funktion $f(x) = x^3$ vor: ein Wendepunkt, in dem zusätzlich die Steigung 0 ist.

Definition 4.3: Ein Wendepunkt $(x_0/f(x_0))$ heißt **Sattelpunkt** genau dann, wenn $f'(x_0) = 0$ gilt.

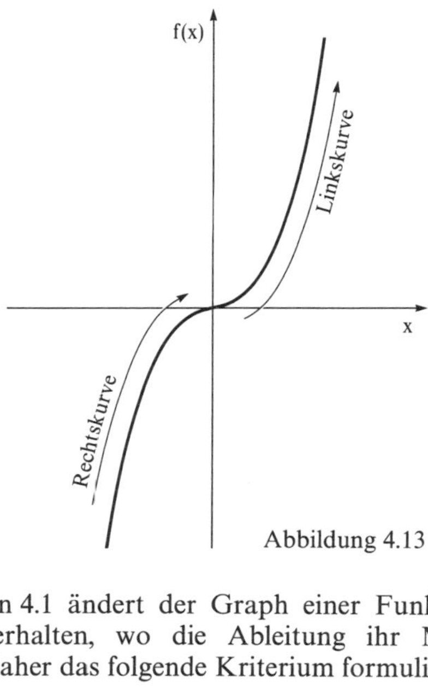

Abbildung 4.13

Nach der Definition 4.1 ändert der Graph einer Funktion f gerade dort sein Krümmungsverhalten, wo die Ableitung ihr Monotonieverhalten ändert. Man kann daher das folgende Kriterium formulieren:

Satz 4.12: Sei $f:]a, b[\to \mathbb{R}$ zweimal differenzierbar und $x_0 \in]a, b[$. Dann ist x_0 eine **Wendestelle** von f, wenn eine der beiden folgenden Bedingungen erfüllt ist.

1) Es gibt eine Umgebung $U(x_0) \subseteq]a, b[$, auf der gilt:
$f''(x) > 0$ für alle $x < x_0$ und $f''(x) < 0$ für alle $x > x_0$

oder

2) Es gibt eine Umgebung $U(x_0) \subseteq]a, b[$, auf der gilt:
$f''(x) < 0$ für alle $x < x_0$ und $f''(x) > 0$ für alle $x > x_0$.

Dieses 1. Kriterium zum Nachweis einer Wendestelle ist ähnlich aufwendig zu handhaben wie das erste hinreichende Kriterium für Extremstellen.
Wir werden daher ein weiteres Kriterium herleiten.
Ist x_0 Wendestelle von f, so ändert f sein Krümmungsverhalten in x_0. Es ist also $f'(x)$ monoton fallend links von x_0 und monoton wachsend rechts von x_0 oder monoton wachsend links von x_0 und monoton fallend rechts von x_0.
Daraus folgt nach Satz 4.6, daß f' in x_0 ein lokales Extremum hat.

Satz 4.13: Sei $f:]a, b[\to \mathbb{R}$ zweimal differenzierbar. Dann gilt:
Wenn x_0 Wendestelle von f ist, dann ist x_0 Extremstelle von f'.

Überträgt man jetzt die vorher für Extremstellen formulierten Sätze auf Wendestellen, so erhält man analog zu Satz 4.5 den Satz 4.14.

Satz 4.14: Sei $f:]a, b[\to \mathbb{R}$ zweimal differenzierbar und x_0 Wendestelle von f, dann gilt $f''(x_0) = 0$.

Aufgabe 6: Begründen Sie mit Hilfe der Funktion $f(x) = x^4$, daß der Satz 4.14 nicht umkehrbar ist.

Dem Satz 4.8 entspricht dann der folgende Satz:

Satz 4.15: Sei $f:]a, b[\to \mathbb{R}$ in $x_0 \in]a, b[$ dreimal differenzierbar und gelte $f''(x_0) = 0$ und $f'''(x_0) \neq 0$, dann hat f in x_0 eine Wendestelle.

Aufgabe 7: Zeigen Sie am Beispiel der Funktion $f(x) = x^5$, daß der Satz 4.15 nicht umkehrbar ist.

Schließlich entspricht dem Satz 4.9 die folgende Aussage:

Satz 4.16: Sei $f:]a, b[\to \mathbb{R}$ in $x_0 \in]a, b[$ n-mal differenzierbar mit $f''(x_0) = f'''(x_0) = \ldots = f^{(n-1)}(x_0) = 0$ und $f^{(n)}(x_0) \neq 0$ für eine ungerade Zahl n (> 3), so hat f an der Stelle x_0 eine Wendestelle.

Als erste Anwendung des Satzes 4.15 soll das Einführungsbeispiel auf Wendestellen untersucht werden:

4. Weiterführung des Beispiels 1:

1) $f(x)=\frac{1}{2}x^4-3x^2+4$; $f'(x)=2x^3-6x$; $f''(x)=6x^2-6$; $f'''(x)=12x$

2) $f''(x)=0 \Leftrightarrow 6x^2-6=0 \Leftrightarrow x=1 \vee x=-1$

3) $f'''(1) \quad =12\cdot 1 \neq 0$
$f'''(-1)=12\cdot(-1)=-12\neq 0$

Aus (2) und (3) folgt: An den Stellen 1 und -1 hat der Graph von f Wendestellen.

Aufgabe 8: Untersuchen Sie die folgenden Funktionen auf Wendestellen unter Anwendung des Satzes 4.15:

a) $f(x)=x^3-2x^2+4$ $\qquad \mathbb{D}_f=\mathbb{R}$

b) $f(x)=\sin x$ $\qquad \mathbb{D}_f=]-2\pi, \pi[$

c) $f(x)=\frac{x}{x^2-1}$ $\qquad \mathbb{D}_f=\mathbb{R}\setminus\{-1, 1\}$

Zur Vertiefung des Begriffs der Wendestelle bearbeiten Sie bitte noch die folgenden Aufgaben:

Aufgabe 9: Formulieren Sie eine dem Satz 4.10 entsprechende Aussage über die Anzahl der Wendestellen einer ganzrationalen Funktion vom Grade n.

Aufgabe 10: Gegeben sei eine ganzrationale Funktion 3. Grades
$f: x \rightarrow ax^3+bx^2+cx+d$ mit $a, b, c, d \in \mathbb{R}$, $a \neq 0$.

a) Untersuchen Sie f auf Wendestellen.

b) Weisen Sie nach, daß der Graph von f stets punktsymmetrisch zum Wendepunkt ist.

Wir wenden die vorausgegangenen Sätze noch einmal in folgendem Beispiel an:

Beispiel 9: Untersuchen Sie die Funktion $f(x)=x^3+6x^2+12x+3$ auf Extrem- und Wendestellen.

Lösung:

$f'(x)=3x^2+12x+12$; $f''(x)=6x+12$; $f'''(x)=6$

Untersuchung auf Extremstellen:

$f'(x)=0 \Leftrightarrow 3x^2+12x+12=0 \Leftrightarrow x=-2$
$f''(-2)=0$

Da $f''(-2)$ Null ist, kann also Satz 4.8 nicht angewandt werden.
Es ist $f'''(-2)=6\neq 0$. Nach Satz 4.15 hat f damit an der Stelle $x_0=-2$ eine Wendestelle.

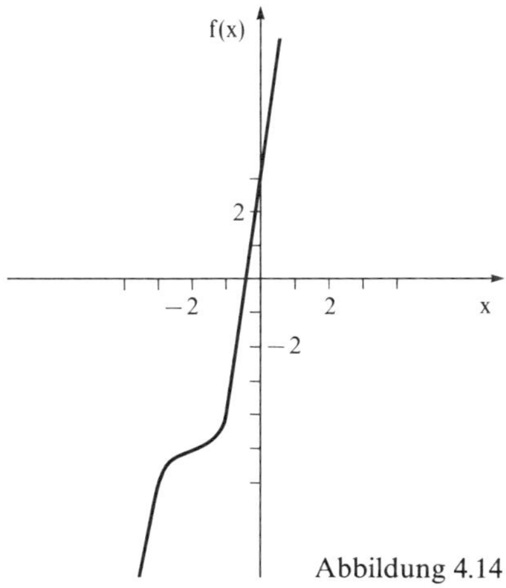

Abbildung 4.14

Der nebenstehende Graph von f zeigt, daß es offensichtlich gar keine Extremstelle gibt. Der Punkt (−2/−5) ist vielmehr Wendepunkt, der eine zur x-Achse parallele Wendetangente hat. Es handelt sich hier also nach Definition 4.3 um einen Sattelpunkt.

Mit diesem Beispiel ist der theoretische Teil, d.h. die Zusammenstellung der erforderlichen Definitionen und Sätze zur Kurvendiskussion abgeschlossen. Im nachfolgenden Teil werden die Methoden der Differentialrechnung zur Untersuchung von Eigenschaften von Funktionen angewandt. Zusätzlich werden die schon vorher behandelten einfachen Eigenschaften von Funktionen zur genauen Zeichnung des Graphen benutzt.

4.5 Beispiele für eine vollständige Kurvendiskussion

Betrachten Sie die Funktion f: $x \to \frac{5}{2}x^3 - \frac{3}{8}x^5$; $\mathbb{D}_f = \mathbb{R}$.
Es soll versucht werden, diese Funktion mit Hilfe einer Wertetabelle so genau wie möglich zu zeichnen:

x	−3	−2,5	−2	−1,5	−1	−0,5	0	0,5	1	1,5	2	2,5	3
f(x)	23,6	−2,44	−8	−5,6	−2,1	−0,3	0	0,3	2,1	5,6	8	2,44	−23,6

Aufgrund der Wertetabelle läßt sich der Graph nicht hinreichend genau zeichnen. So kann man z.B. nur höchst ungenaue Angaben über die Lage der Nullstellen machen (je eine Nullstelle liegt zwischen −2,5 und −3 bzw. zwischen 2,5 und 3) ebensowenig über Hoch- und Tiefpunkte (ein Hochpunkt muß zwischen 1,5 und 2,5 liegen). Zur genaueren Information könnte man die Schrittweite in der Wertetabelle von 0,5 auf 0,1 verkleinern. Selbst ein Computer kann immer nur endlich viele Funktionswerte berechnen. Mit diesem Hilfsmittel läßt sich die Schrittweite zwar sehr stark verkleinern, z.B. auf 0,001. Aber auch der Computer kann auf diese Weise keine Aussagen über den Verlauf des Graphen zwischen zwei berechneten Punkten machen. Allein aus einer Wertetabelle heraus können also die oben gestellten Fragen: „Wo liegen genau die Nullstellen?“ oder:

„An welchen Stellen liegen die Hoch- und Tiefpunkte (falls es welche gibt)?“ oder:
„An welchen Stellen ändert der Graph sein Krümmungsverhalten?“ nicht beantwortet werden.
Eine genaue Antwort auf diese Fragen gibt die Durchführung einer Kurvendiskussion, wie sie schon zu Beginn dieses Kapitels beschrieben wurde: Bitte lesen Sie sich zur Erinnerung noch einmal die erste Seite dieses Kapitels 4 durch!
Wir werden jetzt in dem folgenden Beispiel 10 eine ausführliche Kurvendiskussion für die gegebene Funktion durchführen:

Beispiel 10: Führen Sie die Teilaufgaben 1.–4. und 7.–12. für die Funktion $x \rightarrow f(x) = \frac{5}{2}x^3 - \frac{3}{8}x^5$ durch.

(*Hinweis:* die Teilpunkte 5. und 6. entfallen für ganzrationale Funktionen, weil es keine Definitionslücken gibt und auch keine ganzrationale Näherungsfunktion.)

Lösung:

1. Maximaler Definitionsbereich:
   $\mathbb{D}_{max} = \mathbb{R}$.
2. Stetigkeit und Differenzierbarkeit:
   f ist als ganzrationale Funktion stetig und beliebig oft differenzierbar über ihrem gesamten Definitionsbereich.
3. Schnittpunkte mit den Koordinatenachsen:
   a) $f(0) = 0 \Rightarrow$ Schnittpunkt mit der f(x)-Achse ist (0/0)
   b) $f(x) = 0 \Leftrightarrow x = 0 \vee x = \sqrt{\frac{20}{3}} \vee x = -\sqrt{\frac{20}{3}}$
   $\Rightarrow$ Schnittpunkte mit der x-Achse: (0/0); $(\sqrt{\frac{20}{3}}/0)$; $(-\sqrt{\frac{20}{3}}/0)$.
4. Symmetrieverhalten:
   f ist punktsymmetrisch zu (0/0), da $f(-x) = -\frac{5}{2}x^3 + \frac{3}{8}x^5 = -f(x)$.
7. Beschränktheit:
   f ist nach oben und nach unten unbeschränkt, da f ungerade ist (s. dazu Satz 4.17).

In den weiteren Punkten (8.–12.) werden jetzt die in diesem Kapitel erarbeiteten Methoden der Differentialrechnung benutzt.

8. Monotonieverhalten:
   $f'(x) = \frac{15}{2}x^2 - \frac{15}{8}x^4$

Nach Satz 4.1 ist der Graph von f monoton steigend, falls $f'(x) \geq 0$ und monoton fallend, falls $f'(x) \leq 0$ ist. Also muß die Lösungsmenge der Ungleichungen (1) $f'(x) \geq 0$ bzw. (2) $f'(x) \leq 0$ bestimmt werden.

zu (1) $f'(x) \geq 0$

$\Leftrightarrow f'(x) = \frac{15}{2}x^2 - \frac{15}{8}x^4 \geq 0$

$\Leftrightarrow x^2 \cdot (\frac{15}{2} - \frac{15}{8}x^2) \geq 0$

$\Leftrightarrow x^2 \geq 0 \wedge \frac{15}{2} - \frac{15}{8}x^2 \geq 0$

$\Leftrightarrow\ x^2 \geq 0 \wedge 4 - x^2 \geq 0$

$\Leftrightarrow\ x \in [-2; 2]$

zu (2) $f'(x) \leq 0$

$\Leftrightarrow\ f'(x) = \frac{15}{2}x^2 - \frac{15}{8}x^4 \leq 0$

$\Leftrightarrow\ x^2 \geq 0 \wedge 4 - x^2 \leq 0$ (analoge Schlüsse wie oben)

$\Leftrightarrow\ x \in \mathbb{R} \setminus]-2; 2[$

Der Graph von f ist also monoton fallend für $x < -2$, monoton steigend für $x \in [-2; 2]$ und wieder monoton fallend für $x > 2$.

9. Extremstellen:

a) Die Anwendung von Satz 4.6 liefert sofort, daß an der Stelle $x_{E_1} = -2$ ein lokales Minimum und bei $x_{E_2} = 2$ ein lokales Maximum vorliegt.

   Begründung: Monotoniewechsel der Funktion f in $x_{E_1} = -2$ von monoton fallend zu monoton steigend ($\Leftrightarrow$ Vorzeichenwechsel der 1. Ableitung von $f'(x) < 0$ für $x < -2$ zu $f'(x) > 0$ für $x > -2$ mit $U(x_E) =]-3; -1[$) bzw. Monotoniewechsel von monoton steigend zu monoton fallend an der Stelle $x_{E_2} = 2$.

b) Mit Hilfe des Satzes 4.8 läßt sich ein einfacheres Verfahren zur Ermittlung von Extremstellen benutzen:

   Es wird untersucht, an welchen Stellen $f'(x) = 0$ ist:

   $f'(x) = 0 \Leftrightarrow \frac{15}{2}x^2 - \frac{15}{8}x^4 = 0 \Leftrightarrow x = 0 \vee x = 2 \vee x = -2$

   Es wird dann mit Hilfe der 2. Ableitung überprüft, ob an diesen Stellen Extremstellen vorliegen:

   $f''(x) = 15x - \frac{15}{2}x^3 \Rightarrow$

   $f''(0) = 0$

   $f''(-2) = 15 \cdot (-2) - 7{,}5 \cdot (-2)^3 = 30 > 0 \Rightarrow x_{E1} = -2$ ist lokaler Tiefpunkt

   $f''(2) = 15 \cdot 2 - 7{,}5 \cdot 2^3 = -30 < 0 \Rightarrow x_{E2} = 2$ ist lokaler Hochpunkt.

10. Krümmungsverhalten:

Nach Satz 4.11 ist das Vorzeichen der 2. Ableitung zu untersuchen:

$f''(x) = 15x - 7{,}5x^3$

$f''(x) > 0 \Leftrightarrow 15x - 7{,}5x^3 > 0 \Leftrightarrow x \cdot (2 - x^2) > 0$

$\Leftrightarrow x \in]0; \sqrt{2}[\ \cup \mathbb{R}^{<-\sqrt{2}}$

$f''(x) < 0 \Leftrightarrow x \cdot (2 - x^2) < 0 \Leftrightarrow x \in]-\sqrt{2}; 0[\ \cup \mathbb{R}^{>\sqrt{2}}$

Der Graph von f ist also linksgekrümmt für $x < -\sqrt{2}$, dann rechtsgekrümmt für $x \in]-\sqrt{2}; 0[$, danach wieder linksgekrümmt für $x \in]0; \sqrt{2}[$ und für $x > \sqrt{2}$ rechtsgekrümmt.

11. Wendestellenuntersuchung:

a) Die Anwendung von Satz 4.12 liefert: An den Stellen $-\sqrt{2}$, 0 und $\sqrt{2}$ liegen Wendestellen der Funktion vor. Hätten Sie diese Wendestellen allein aus der zu Beginn dieses Abschnittes angefertigten Wertetabelle bestimmen können?

b) Ebenso wie bei den Extremstellenuntersuchungen wenden wir für die Wendestellenuntersuchung ein Kriterium an, das die Berechnung mit Hilfe von Gleichungen, nicht von Ungleichungen, erlaubt. Nach Satz 4.15 sind zunächst die Nullstellen der 2. Ableitung zu bestimmen:

$$f''(x)=0 \Leftrightarrow 15x-\tfrac{15}{2}x^3=0 \Leftrightarrow x=0 \vee x=-\sqrt{2} \vee x=\sqrt{2}$$

$$f'''(x)=15-\tfrac{45}{2}x^2 \Rightarrow$$

$$f'''(0)=15 \neq 0$$

$$f'''(-\sqrt{2})=15-45=-30 \neq 0$$

$$f'''(\sqrt{2})=-30 \neq 0$$

An den Stellen $-\sqrt{2}$, 0 und $\sqrt{2}$ liegen also Wendestellen vor, an der Stelle 0 sogar ein Sattelpunkt.

12. Bevor am Ende dieses Beispiels der Graph gezeichnet wird, sollen die Ergebnisse – so weit sie für das Zeichnen eine Rolle spielen – noch einmal zusammengestellt werden:

Teilpunkte der Kurvendiskussion	Eigenschaften von f	Koordinaten (Näherungswerte)
(3)	Schnittpunkte mit den Achsen	(–2,58/0); (0/0); (2,58/0)
(4)	punktsymmetrisch zu (0/0)	
(7)	unbeschränkt	
(9)	Hochpunkt Tiefpunkt	(2/8) (–2/–8)
(11)	Wendepunkte Sattelpunkt	(–1,4/–4,95) (1,4/4,95) (0/0)

Graph zu Beispiel 10:

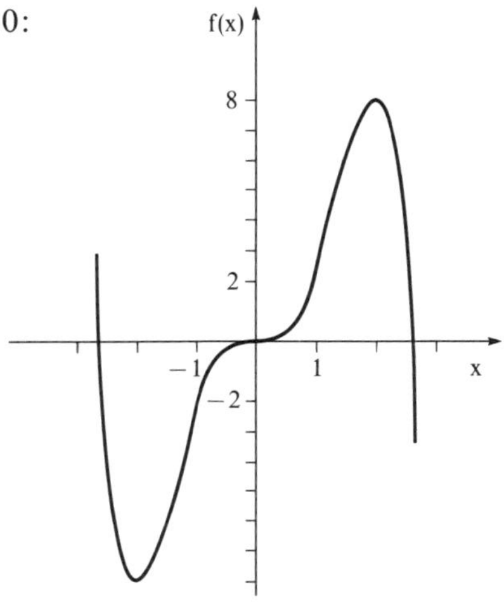

Abbildung 4.15

Sie werden in der Schule die Diskussion eines Graphen einer Funktion ohne die Untersuchungen auf Monotonie- und Krümmungsverhalten durchgeführt haben, zumal sich diese Eigenschaften nach Bestimmung der markanten Punkte des Graphen von f (lokale Extremstellen, Wendestellen) ergeben.

Wir werden daher auch in diesem Band bei den weiteren Kurvendiskussionen die Punkte 8. und 10. (s. Seite 53 dieses Kapitels) weglassen. Aus Gründen der weiteren Vereinfachung sollen auch die Beschränktheitsuntersuchungen wegfallen. Die Beschränktheitseigenschaften ergeben sich z.B. bei gebrochenrationalen Funktionen auch über die Bestimmung der Asymptoten und bei ganzrationalen Funktionen über deren Grad. Es gilt:

Satz 4.17:

a) Ist der Grad einer ganzrationalen Funktion ungerade, so ist sie nach oben und nach unten unbeschränkt.

b) Ist der Grad einer ganzrationalen Funktion gerade, so ist die Funktion entweder nach oben oder nach unten beschränkt, je nachdem, ob der Koeffizient der größten vorkommenden Potenz der Variablen x negativ oder positiv ist.

Betrachten Sie zur Erläuterung des Satzes 4.17 die Funktionen
$f_1(x) = -x^2 - 4x - 2 = -(x+2)^2 + 2$ (Grad 2 und nach oben beschränkt)
$f_2(x) = x^3 - 9x^2 + 27x - 27 = (x-3)^3$ (Grad 3 und unbeschränkt)
$f_3(x) = 0{,}5x^4 - 10x^3 + 75x^2 - 250x + 312{,}5 = 0{,}5 \cdot (x-5)^4$ (Grad 4 und nach unten beschränkt).

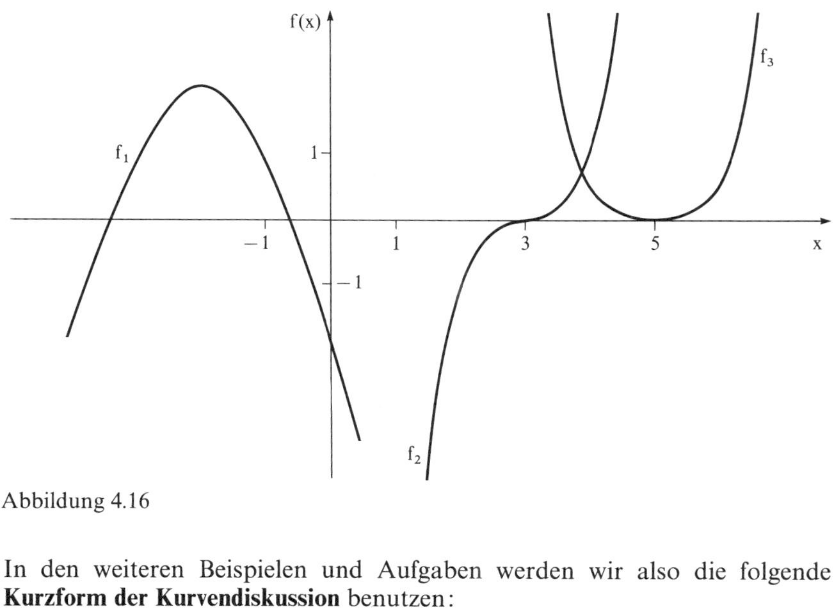

Abbildung 4.16

In den weiteren Beispielen und Aufgaben werden wir also die folgende **Kurzform der Kurvendiskussion** benutzen:

I) Bestimmung des maximalen Definitionsbereiches
II) Untersuchung auf Stetigkeit und Differenzierbarkeit
III) Bestimmung der Schnittpunkte mit den Koordinatenachsen
IV) Bestimmung des Symmetrieverhaltens
V) Bestimmung des Verhaltens des Graphens an Definitionslücken
VI) Bestimmung der Asymptotenfunktionen
VII) Bestimmung der Hoch- und Tiefpunkte
VIII) Bestimmung der Wende- und Sattelpunkte
IX) Zeichnen des Graphen

Sollten Sie in Ihrem Unterricht auch von dieser Kurzform den einen oder anderen Punkt weggelassen haben, so dürfen Sie dies hier natürlich auch tun.

Aufgabe 11: Führen Sie für die Funktion f: $x \rightarrow 0{,}25 \cdot x^4 - 2x^2 + 2$ die Kurzform der Kurvendiskussion durch.

Wir haben uns bisher mit der Diskussion von ganzrationalen Funktionen beschäftigt. Als nächstes soll eine gebrochenrationale Funktion untersucht werden. Falls Sie mit den einfachen Eigenschaften solcher Funktionen nicht mehr vertraut sind, so schauen Sie bitte in das entsprechende Kapitel des 1. Bandes.

Beispiel 11: Untersuchen Sie die Funktion f: $x \rightarrow \frac{x^2-4}{x+3}$ nach dem Kriterienkatalog der Kurzform einer Kurvendiskussion.

Lösung:

I) $\mathbb{D}_{max} = \mathbb{R} \setminus \{-3\}$

II) f ist mindestens dreimal differenzierbar (und damit auch stetig über $\mathbb{D}_{max}$).

III) Schnittpunkte mit den Achsen:

a) Nullstellen: $f(x) = 0 \Leftrightarrow x^2 - 4 = 0 \wedge x + 3 \neq 0$
$\Leftrightarrow (x = 2 \vee x = -2) \wedge x \neq -3$
$\Rightarrow$ Nullstellen von f liegen bei $x_{N_1} = 2$ und $x_{N_2} = -2$.

b) f schneidet die f(x)-Achse im Punkt (0/f(0)) mit $f(0) = -\frac{4}{3}$.

IV) Symmetrieverhalten:
f(x) ist weder punktsymmetrisch zum Koordinatenursprung noch achsensymmetrisch zur f(x)-Achse.

V) Verhalten des Graphen an Definitionslücken:
An der Stelle $x = -3$ liegt eine Polstelle mit Vorzeichenwechsel vor, da $(x+3)$ nicht kürzbar ist und im Nenner in ungerader Potenz vorkommt. In Zeichen:

$$\lim_{\substack{x \to -3 \\ x > -3}} f(x) = \lim_{\substack{x \to -3 \\ x > -3}} \frac{x^2-4}{x+3} = +\infty \quad \text{und} \quad \lim_{\substack{x \to -3 \\ x < -3}} f(x) = \lim_{\substack{x \to -3 \\ x < -3}} \frac{x^2-4}{x+3} = -\infty.$$

VI) Verhalten für $x \to \pm\infty$ (Asymptotenfunktion).
Durch das Verfahren der Polynomzerlegung erhält man:

$$f(x) = x - 3 + \frac{5}{x+3}.$$

Die Asymptotenfunktion ist also $g(x) = x - 3$, da

$$\lim_{x\to\infty}(f(x) - g(x)) = \lim_{x\to\infty} \frac{5}{x+3} = 0 \quad \text{und}$$

$$\lim_{x\to-\infty}(f(x) - g(x)) = \lim_{x\to-\infty} \frac{5}{x+3} = 0.$$

Da $\frac{5}{x+3} > 0$ für $x \to +\infty$, verläuft der Graph von f für große positive x oberhalb der Asymptote.

Da $\frac{5}{x+3} < 0$ für $x \to -\infty$, verläuft der Graph von f für negative x unterhalb der Asymptote.

VII) Untersuchung auf Extremstellen:

$$f'(x) = \frac{2x\cdot(x+3) - (x^2-4)\cdot 1}{(x+3)^2} = \frac{x^2+6x+4}{(x+3)^2}$$

$$f''(x) = \frac{(2x+6)\cdot(x+3)^2 - 2\cdot(x+3)\cdot(x^2+6x+4)}{(x+3)^4} = \frac{10}{(x+3)^3}$$

$$f'(x) = 0 \Leftrightarrow x^2+6x+4 = 0 \quad \wedge x+3 \neq 0$$

$$\Leftrightarrow (x+3)^2 - 5 = 0 \quad \wedge x \neq -3$$

$$\Leftrightarrow (x = \sqrt{5} - 3 \vee x = -\sqrt{5} - 3) \wedge x \neq -3$$

$$f''(\sqrt{5}-3) = \frac{10}{(\sqrt{5}-3+3)^3} = \frac{10}{\sqrt{5^3}} > 0$$

$$f''(-\sqrt{5}-3) = \frac{10}{(-\sqrt{5}-3+3)^3} = \frac{10}{(-\sqrt{5})^3} < 0.$$

Die Anwendung des Satzes 4.8 ergibt dann (mit den Funktionswertberechnungen):

Der Punkt $(\sqrt{5} - 3/f(-3+\sqrt{5}))$ ist ein Tiefpunkt und der Punkt $(-\sqrt{5} - 3/f(-\sqrt{5} - 3))$ ein Hochpunkt des Graphen von f.

VIII) Untersuchung auf Wendestellen:
Da $f''(x) \neq 0$ für alle $x \in \mathbb{D}_f$, kann f keine Wendestellen haben.

IX) Zeichnen des Graphen von f:

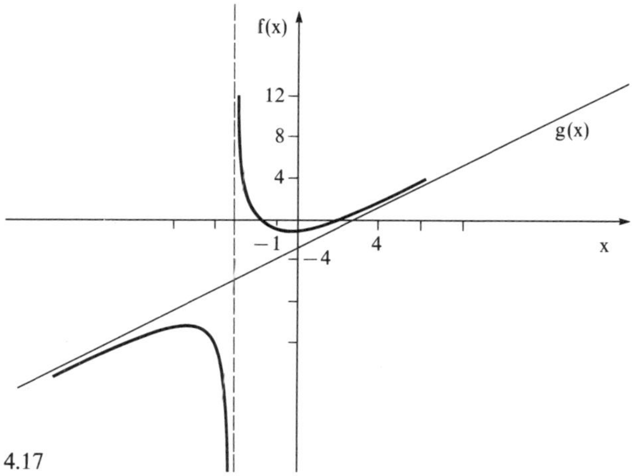

Abbildung 4.17

Aufgabe 12: Führen Sie für die Funktion f: $x \to f(x) = \frac{12}{x^2+3}$ eine Kurvendiskussion nach der Kurzform durch.

Im nachfolgenden Teil werden weitere Funktionen betrachtet, die aber weder ganzrational noch gebrochenrational sind. Das Beispiel einer Wurzelfunktion sollen Sie in der nachfolgenden Aufgabe bearbeiten, während eine Exponentialfunktion im nächsten Beispiel noch ausführlich vorgeführt wird.

Aufgabe 13: Führen Sie für die Funktion f: $x \to f(x) = -2x + 4 \cdot \sqrt{x-1} + 8$ eine Kurvendiskussion in Kurzform durch.

Beispiel 12: Führen Sie für die Funktion f: $x \to f(x) = x^2 \cdot e^{-x}$ eine Kurvendiskussion in Kurzform durch.

Lösung:

I) $\mathbb{D}_{max} = \mathbb{R}$

II) f ist als Produkt differenzierbarer Funktionen wieder differenzierbar.

III) a) $f(0) = 0$

b) $f(x) = 0 \Leftrightarrow x^2 \cdot e^{-x} = 0 \Leftrightarrow x^2 = 0 \Leftrightarrow x = 0$

Aus (a) und (b) folgt: (0/0) ist Schnittpunkt von f mit den beiden Koordinatenachsen.

IV) f ist weder punkt- noch achsensymmetrisch.

V) entfällt, da $\mathbb{D}_{max} = \mathbb{R}$.

VI) $\lim_{x \to \infty} f(x) = \lim_{x \to \infty} (x^2 \cdot e^{-x}) = \lim_{x \to \infty} x^2 \cdot \lim_{x \to \infty} e^{-x} = 0$

$\Rightarrow$ Die positive x-Achse ist Asymptote von f.

VII) $f'(x) = 2x \cdot e^{-x} + x^2 \cdot (-1) \cdot e^{-x} = (2x - x^2) \cdot e^{-x}$

$f''(x) = (2 - 2x) \cdot e^{-x} + (-e^{-x}) \cdot (2x - x^2) = (x^2 - 4x + 2) \cdot e^{-x}$

a) $f'(x)=0 \Leftrightarrow e^{-x}\cdot(2x-x^2)=0 \Leftrightarrow 2x-x^2=0$
$\Leftrightarrow x=0 \vee x=2$

b) $f''(0)=2\cdot e^{-0}=2>0$
$f''(2)=e^{-2}\cdot(4-8+2)=e^{-2}\cdot(-2)<0$

Aus (a) und (b) folgt: An der Stelle $x=0$ liegt ein Minimum und an der Stelle $x=2$ ein Maximum der Funktion.
Der Hochpunkt hat näherungsweise die Koordinaten (2/0,54) und der Tiefpunkt die Koordinaten (0/0).

VIII) $f'''(x)=(2x-4)\cdot e^{-x}+(-e^{-x})\cdot(x^2-4x+2)$
$=(-x^2+6x-6)\cdot e^{-x}$

a) $f''(x)=0 \Leftrightarrow e^{-x}\cdot(x^2-4x+2)=0$
$\Leftrightarrow x=2+\sqrt{2} \vee x=2-\sqrt{2}$

b) $f'''(2+\sqrt{2})=e^{-(2+\sqrt{2})}\cdot(-(2+\sqrt{2})^2+6\cdot(2+\sqrt{2})-6)$
$=2\sqrt{2}e^{-(2+\sqrt{2})}\neq 0$
$f'''(2-\sqrt{2})=e^{-(2-\sqrt{2})}(-(2-\sqrt{2})^2+6\cdot(2-\sqrt{2})-6)$
$=(-2\cdot\sqrt{2})e^{-(2-\sqrt{2})}\neq 0$

Aus (a) und (b) folgt: An den Stellen $x_1=2+\sqrt{2}$ und $x_2=2-\sqrt{2}$ liegen Wendestellen vor. Die Wendepunkte haben die Koordinaten: $W_2\approx(0{,}59/0{,}19)$ und $W_1\approx(3{,}4/0{,}38)$.

IX) Graph von f:

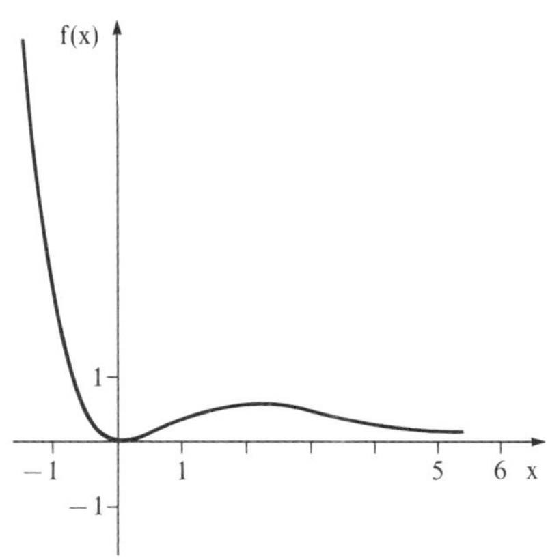

Abbildung 4.18

Sie haben an allen von Ihnen selbst durchgerechneten und an den hier durchgeführten Beispielen gesehen, daß Sie eine Kurvendiskussion eigentlich immer dann ohne Probleme durchführen können, wenn Sie die verschiedenen Ableitungsregeln und die Verfahren zur Lösungsmengenbestimmung von Gleichungen und Ungleichungen beherrschen.
Führen Sie jetzt noch je eine Kurvendiskussion einer Funktion durch, in der eine trigonometrische Funktion bzw. eine Logarithmusfunktion auftritt:

Aufgabe 14: Führen Sie für die folgenden Funktionen die Kurzform der Kurvendiskussion durch:

a) $f: x \to f(x) = \sin\left(\frac{\pi}{3} x\right) \quad x \in [-2; 2]$

b) $f: x \to f(x) = \frac{1}{x} \cdot \ln x$

In diesem Band wollen wir uns auf die Behandlung einzelner Funktionen beschränken; Funktionenscharen werden wir erst in Band III betrachten.

Abschlußtest

Aufgabe 1: Diskutieren Sie die folgenden Funktionen nach dem in der Kurzform der Kurvendiskussion angegebenen Kriterienkatalog:

a) $f(x) = \sin x + \sin 2x, \quad x \in [0; 3\pi]$

b) $f(x) = \frac{2x}{x^2+1}$

c) $f(x) = \frac{\operatorname{sign} x}{x^2+4}$

Aufgabe 2: Gegeben ist die Funktion $f(x) = (e^x - 2)^2$.

Führen Sie für die Funktion f(x) eine Kurvendiskussion nach der Kurzform durch und zeichnen Sie den Graphen.

Lösungen

1. Kapitel

Aufgabe 1:

a) $x_1 < x_2 \leq 1 \Rightarrow x_1 - 1 < x_2 - 1 \leq 0 \Rightarrow (x_1-1)^2 > (x_2-1)^2$
$\Rightarrow -0{,}5(x_1-1)^2 < -0{,}5(x_2-1)^2$
$\Rightarrow -0{,}5(x_1-1)^2 + 2{,}5 < -0{,}5(x_2-1)^2 + 2{,}5$
$\Rightarrow f(x_1) < f(x_2)$

b) zu zeigen: $1 \leq x_1 < x_2 \Rightarrow f(x_1) > f(x_2)$

$1 \leq x_1 < x_2 \Rightarrow 0 \leq x_1 - 1 < x_2 - 1 \Rightarrow (x_1-1)^2 < x_2 - 1)^2$
$\Rightarrow -0{,}5(x_1-1)^2 > -0{,}5(x_2-1)^2$
$\Rightarrow -0{,}5(x_1-1)^2 + 2{,}5 > -0{,}5(x_2-1)^2 + 2{,}5$
$\Rightarrow f(x_1) > f(x_2)$

Aufgabe 2:

a) f ist auf I streng monoton fallend: für alle $x_1, x_2 \leq 0$ gilt:
$x_1 < x_2 \Rightarrow |x_1| > |x_2|$ (s. Rechnen mit Beträgen, Band I, S. 10).

b) f mit $f(x) = \begin{cases} 0 & \text{für } x \leq 0 \\ 2x & \text{für } x > 0 \end{cases}$ (vgl. Band I, 3.11)
ist monoton wachsend über $\mathbb{R}$.

c) f ist über I streng monoton fallend:

$0 \leq x_1 < x_2 \leq \frac{1}{3}\sqrt{3} \Rightarrow -1 \leq x_1^2 - 1 < x_2^2 - 1 \leq \frac{1}{3} - 1$
$\Rightarrow x_1 \cdot (x_1^2 - 1) > x_2 \cdot (x_2^2 - 1) \Rightarrow f(x_1) > f(x_2)$

d) f ist über diesem Intervall nicht monoton: f ist über [0; 1] streng monoton fallend und über [1; 2] streng monoton wachsend.

Aufgabe 3:

$$x_1 < x_2 \Rightarrow m \cdot x_1 > m \cdot x_2 \Rightarrow m \cdot x_1 + n > m \cdot x_2 + n \Rightarrow f(x_1) > f(x_2)$$

Aufgabe 4:

I a) $[0; +\infty[$ II a) $[1-\sqrt{5}; 1]$ und $[1+\sqrt{5}; +\infty[$

I b) $]-\infty; 0]$ II b) $]-\infty; 1-\sqrt{5}]$ und $[1; 1+\sqrt{5}]$

Aufgabe 5:

1. Möglichkeit: $\mathbb{D}_f = \mathbb{R}_0^+$, dann ist $f^{-1} = \sqrt{x}$ streng monoton wachsend.
2. Möglichkeit (unüblich): $\mathbb{D}_f = \mathbb{R}_0^-$, dann ist f^{-1} streng monoton fallend.

Aufgabe 6: Es ist nachzuweisen, daß zu jeder Zahl $k \in \mathbb{R}$ ein $x_0 \in \mathbb{D}_f$ existiert mit $f(x_0) < k$.

Aufgabe 7: Sei $S_o > 0$ obere Schranke von $f(x) = \frac{1}{x}$. Dann gilt für $x_0 = \frac{1}{S_o + 1}$:

$$0 < x_0 < 2 \quad \text{und} \quad f(x_0) = S_o + 1 > S_o .$$

Aufgabe 8:

a) f nach unten beschränkt: $S_u \leq -1000$
f nicht nach oben beschränkt: $f(x_0) > 10^6 \Rightarrow x_0^2 - 1000 > 10^6$
$\Rightarrow x_0 > \sqrt{10^6 + 1000}$ also z.B. $x_0 = 1001$

b) f nach unten beschränkt: $S_o \leq 0$
f nicht nach oben beschränkt: $x_0 > 10^{12}$ z.B. $x_0 = 10^{12} + 1$

c) f nach unten beschränkt: $S_u \leq 0$
f nicht nach oben beschränkt: $1 - 10^{-3} < x_0 < 1 + 10^{-3}$, z.B. $x_0 = 1{,}0005$

Aufgabe 9: f nicht nach oben beschränkt: Sei S_o obere Schranke. Für $x_0 > \sqrt[3]{S_o}$ gilt $f(x_0) > S_o$, damit Annahme falsch (analog für untere Schranke).

Abschlußtest

Aufgabe 1:

a) 1) $\left|\frac{3x}{x^2+1}\right| \leq \frac{3}{2}$; für alle $x \in \mathbb{R}$ gilt:

$0 \leq (x-1)^2 \Rightarrow 0 \leq 3x^2 - 6x + 3 \Rightarrow 6x \leq 3x^2 + 3$ (*)

$0 \leq (x+1)^2 \Rightarrow 0 \leq 3x^2 + 6x + 3 \Rightarrow 6x \geq -3x^2 - 3$ (**)

(*), (**) $\Rightarrow -3x^2 - 3 \leq 6x \leq 3x^2 + 3 \Rightarrow -\frac{3}{2} \leq \frac{3x}{x^2+1} \leq \frac{3}{2}$

2) zu zeigen: $x_1 < x_2 \Rightarrow f(x_1) > f(x_2)$

$x_1 < x_2 \Rightarrow x_2 - x_1 > 0$ (*)

$x_1, x_2 > 1 \Rightarrow x_1 \cdot x_2 > 1 \Leftrightarrow x_1 x_2 - 1 > 0$ (**)

(*), (**) $\Rightarrow (x_2 - x_1)(x_1 \cdot x_2 - 1) > 0$

$\Leftrightarrow x_2^2 x_1 - x_1^2 x_2 - x_2 + x_1 > 0$

$\Leftrightarrow x_1(x_2^2 + 1) > x_2(x_1^2 + 1)$

$\Leftrightarrow \frac{x_1}{x_1^2+1} > \frac{x_2}{x_2^2+1} \Leftrightarrow \frac{3x_1}{x_1^2+1} > \frac{3x_2}{x_2^2+1}$

3) Da $f(1) = 1{,}5$ mit (1)

b) Da $f(-1) = -1{,}5$ mit (2).

Aufgabe 2:

a) $f^*(x) = \frac{3 \cdot (x-2)}{(x-2)^2+1} + 1 = \frac{x^2 - x - 1}{x^2 - 4x + 5}$

b) $f^*(0) = -\frac{1}{5}$

$f^*(x) = 0 \Rightarrow x^2 - x - 1 = 0 \wedge x^2 - 4x + 5 \neq 0$

$\Rightarrow x = \frac{1}{2} + \frac{1}{2}\sqrt{5} \vee x = \frac{1}{2} - \frac{1}{2}\sqrt{5}$

also $(0/-\frac{1}{5})$, $(\frac{1}{2} + \frac{1}{2}\sqrt{5}|0)$ und $(\frac{1}{2} - \frac{1}{2}\sqrt{5}|0)$

c) $(-1/-\frac{3}{2})$ wird verschoben auf $(1/-\frac{1}{2})$

zu zeigen: (1) $f^*(1) = -0{,}5$ (w) und

(2) für alle $x \in \mathbb{R}$ gilt: $\frac{x^2 - x - 1}{x^2 - 4x + 5} \geq -\frac{1}{2}$

$(x-1)^2 \geq 0 \Rightarrow 3x^2-6x+3 \geq 0 \Rightarrow 2x^2-2x-2 \geq -x^2+4x-5$

$\Rightarrow \frac{x^2-x-1}{x^2-4x+5} \geq -\frac{1}{2}$

Aufgabe 3:

a) $k \cdot (-\frac{1}{2}) = -4 \Leftrightarrow k=8$ also $g(x)=\frac{8 \cdot (x^2-x-1)}{x^2-4x+5}$

b) Schnittpunkte mit der x-Achse bleiben gleich,
Schnittpunkte mit der Funktionswertachse $(0/8 \cdot (-\frac{1}{5})) = (0/-\frac{8}{5})$.

c) Keine Änderung durch Multiplikation mit $k>0$.

d)

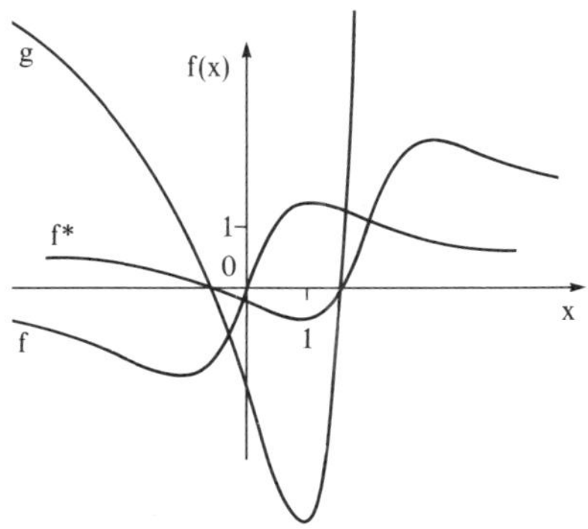

2. Kapitel

Aufgabe 1:

a) $g(x)=\frac{2}{5}$ b) $\lim\limits_{x \to \infty} f(x)=\frac{2}{5}$

c) zu zeigen: $x>1 \Rightarrow \left|\frac{2x-1}{5x+1}-\frac{2}{5}\right|<0{,}1$

$x>3 \Rightarrow 25x+5>80 \Rightarrow \frac{1}{25x+5}<\frac{1}{80} \Rightarrow \left|\frac{-7}{25x+5}\right|<\frac{7}{80}<\frac{1}{10}$

$\Rightarrow \left|\frac{10x-5-10x-2}{(5x+1)\,5}\right|<\frac{1}{10} \Rightarrow \left|\frac{5\cdot(2x-1)}{(5x+1)\cdot 5}-\frac{2\cdot(5x+1)}{(5x+1)\cdot 5}\right|<\frac{1}{10}$

$\Rightarrow \left|\frac{2x-1}{5x+1}-\frac{2}{5}\right|<\frac{1}{10}$

d) zu zeigen: zu jedem $\varepsilon \in \mathbb{R}^+$ gibt es eine Zahl r, so daß für alle $x>r$ gilt: $f(x) \in U_\varepsilon(\frac{2}{5})$

1. Schritt: zu $\varepsilon \in \mathbb{R}^+$ ein r suchen:

$f(x) \in U_\varepsilon(\frac{2}{5}) \Rightarrow \left|\frac{2x-1}{5x+1}-\frac{2}{5}\right|<\varepsilon \Rightarrow \left|\frac{-7}{5\cdot(5x+1)}\right|<\varepsilon$

$\Rightarrow \left|\frac{5\cdot(5x+1)}{-7}\right|>\frac{1}{\varepsilon} \Rightarrow \frac{5(5x+1)}{7}>\frac{1}{\varepsilon} \quad (x \geq 0)$

$$\Rightarrow\ 5x+1>\frac{7}{5\cdot\varepsilon}\ \Rightarrow\ x>\frac{7}{25\cdot\varepsilon}-\frac{1}{5}$$

Wähle r also: $r\geq\frac{7}{25\cdot\varepsilon}-\frac{1}{5}$

2. Schritt: mit gefundenem r Bedingung der Definition überprüfen

$$x>r\geq\frac{7}{25\cdot\varepsilon}-\frac{1}{5}\ \Rightarrow\ \frac{5(5x+1)}{7}>\frac{1}{\varepsilon}\ \Rightarrow\ \left|\frac{5(5x+1)}{-7}\right|>\frac{1}{\varepsilon}$$

$$\Rightarrow\ \left|\frac{-7}{5(5x+1)}\right|<\varepsilon\ \Rightarrow\ \left|\frac{2x-1}{5x+1}-\frac{2}{5}\right|<\varepsilon$$

Aufgabe 2:

a) $f(x)=\dfrac{2-\frac{1}{x^2}}{3-\frac{4}{x}}$; mit $\lim\limits_{x\to\infty}\frac{1}{x}=\lim\limits_{x\to\infty}\frac{1}{x^2}=0$

folgt $\lim\limits_{x\to\infty}\left(2-\frac{1}{x^2}\right)=2$ und $\lim\limits_{x\to\infty}\left(3-\frac{4}{x}\right)=3$, also $\lim\limits_{x\to\infty}f(x)=\frac{2}{3}$

$\lim\limits_{x\to-\infty}f(x)$ analog

b) $\lim\limits_{x\to\infty}f(x)$ existiert nicht

c) $f(x)=\dfrac{\frac{2}{x}+\frac{5}{x^2}}{1+\frac{2}{x^2}}$, also $\lim\limits_{x\to\infty}f(x)=\lim\limits_{x\to-\infty}f(x)=\frac{0}{1}=0$

Aufgabe 3: Es sei $g(x)=f(-x)$ eine neue Funktion. Dann gilt: Spiegelt man den Graphen von f(x) an der y-Achse, so erhält man den Graphen von g(x). Daraus ergibt sich: Falls f(x) für $x\to\infty$ einen Grenzwert a hat, dann hat g(x) diesen Grenzwert a für $x\to-\infty$ und umgekehrt.

Aufgabe 4:

a) $\lim\limits_{x\to4}\dfrac{(x-7)\cdot(x-4)}{(x+2)\cdot(x-4)}=\dfrac{-3}{6}=-\dfrac{1}{2}$

b) $\lim\limits_{x\to-3}\dfrac{(x^2+9x+18)\cdot(x+3)}{(x^2-3x-18)\cdot(x+3)}=\lim\limits_{x\to-3}\dfrac{(x+6)\cdot(x+3)^2}{(x-6)\cdot(x+3)^2}=\dfrac{3}{-9}=-\dfrac{1}{3}$

Aufgabe 5:

$$\lim_{h\to0}\frac{3}{(3+h)+3}=\frac{3}{3+3}=\frac{1}{2}$$

Aufgabe 6:

$\lim\limits_{x\to2}(3x^2+1)=13$ und $\lim\limits_{x\to2}(x^2+2)=6\ \Rightarrow\ \lim\limits_{x\to2}f(x)=\frac{13}{6}=f(2)$

Aufgabe 7: Da $f(x)=x$ stetig, sind auch $f(x)\cdot f(x)=x^2$, $f(x)\cdot f(x)\cdot f(x)=x^3$ und $f(x)=x^4$ stetig ebenso wie $f(x)=6\cdot x^3$ und $f(x)=3\cdot x^4$. Also ist die Summe $f(x)=3x^4+6x^3+1$ ebenfalls stetig.

Aufgabe 8: $x_1, x_2 \in [0; 1[$ und $x_1 < x_2 \Rightarrow f(x_1) < f(x_2)$, d.h. zu jedem gewählten x_1 mit dem Funktionswert $f(x_1)$ kann man $x_2 \in [0, 1[$ angeben mit $x_2 > x_1 \Rightarrow f(x_2) > f(x_1)$. Also gibt es keinen größten Funktionswert. Erst durch die Hereinnahme von 1 ins Intervall hat $f([0; 1])$ einen größten Wert.

Abschlußtest

Aufgabe 1:

a) $$\lim_{x\to\infty} \frac{2-\frac{3}{x}+\frac{4}{x^2}}{1-\frac{2}{x}-\frac{3}{x^2}} = \frac{2}{1} = 2$$

b) $$\lim_{x\to 1} \frac{(x^2+x+1)\cdot(1-x)}{1 \quad \cdot(1-x)} = \frac{3}{1} = 3$$

Aufgabe 2: In beliebiger Nähe jeder rationalen Zahl liegen irrationale Zahlen (und umgekehrt). Deshalb gibt es zu keiner rationalen (oder irrationalen) Zahl eine Umgebung, deren Bild nicht 0 und 1 enthalten würde. Zu $\varepsilon=0{,}5$ findet man also zu keinem $x \in \mathbb{D}_f$ eine Umgebung, deren Bild ganz in $U_{0,5}(0)$ (oder $U_{0,5}(1)$) liegt.

Aufgabe 3:

a) $\mathbb{D}_f = \mathbb{R} \setminus \{1; -3; 3\}$

b) $$f(x) = \frac{(x-3)\cdot(x+1)\cdot(x-1)}{(x-1)^2\cdot(x+3)\cdot(x-3)}$$

$x=1$: Polstelle mit Vorzeichenwechsel, ebenso $x=-3$

$x=3$: f stetig ergänzbar (vgl. Band I, 3.9)

c) $$\lim_{x\to 3} f(x) = \frac{(x+1)\cdot(x-1)}{(x-1)^2\cdot(x+3)} = \frac{8}{24} = \frac{1}{3}$$

d) f ist zwar durch $(x-1)$ kürzbar, jedoch bleibt nach dem Kürzen $(x-1)$ im Nenner stehen.

3. Kapitel

Aufgabe 1: Für $x_0 \in \mathbb{R}$, $x_0 \neq 0$ ist

$$\Delta_{x_0}(x) = \frac{\frac{1}{x}-\frac{1}{x_0}}{x-x_0} = \frac{1}{x x_0}\,\frac{x_0-x}{x-x_0} = -\frac{1}{x x_0}.$$

Es ist $\lim\limits_{x\to x_0} \Delta_{x_0}(x) = -\frac{1}{x_0^2}$.

Aufgabe 2: Es ist

$$\Delta_0(x) = \frac{|x|-0}{x-0} = \frac{|x|}{x} = \begin{cases} 1 & \text{für } x>0 \\ -1 & \text{für } x<0 \end{cases};$$

$\Delta_0(x)$ kann also an der Stelle 0 keinen Grenzwert haben.

Aufgabe 3: Mit dem Additionstheorem der Kosinusfunktion folgt:

$$\frac{\cos(x+h)-\cos x}{h}=\frac{\cos x\cdot\cos h-\sin x\sin h-\cos x}{h}$$
$$=\cos x\cdot\frac{\cos h-1}{h}-\sin x\frac{\sin h}{h}.$$

Wegen $\lim\limits_{h\to 0}\frac{\cos h-1}{h}=0$ und $\lim\limits_{h\to 0}\frac{\sin h}{h}=1$ ergibt sich:

$$\lim_{h\to 0}\frac{\cos(x+h)-\cos x}{h}=-\sin x.$$

Aufgabe 4: Das Beispiel 7 und die Aufgabe 3 lieferten:

$$\sin' x=\cos x,\qquad \cos' x=-\sin x.$$

Aufgabe 5:

a) $f'(x)=3x^2(x^2-6)+x^3\cdot 2x=5x^4-18x^2$

b) $f'(x)=\sin x+x\cdot\cos x$

c) $f'(x)=\cos x\cdot\cos x+\sin x\cdot(-\sin x)=\cos^2 x-\sin^2 x$

d) $f'(x)=(4x^3-6x^2)\sqrt{x}+(x^4-2x^3)\cdot\frac{1}{2\sqrt{x}}$

Aufgabe 6: Beweis mit vollständiger Induktion nach n.

1. Schritt: Induktionsverankerung:
$n=1$: $f(x)=x$ ist für alle $x\in\mathbb{R}$ differenzierbar und es ist $f'(x)=1=1\cdot x^{1-1}$

2. Schritt: Schluß von n auf $n+1$:
Wir setzen $f_n(x)=x^n$, $f_{n+1}(x)=x^{n+1}=x\cdot x^n=x\cdot f_n(x)$.
Zu zeigen ist dann: $f_n'(x)=n\cdot x^{n-1}\Rightarrow f_{n+1}'(x)=(n+1)\cdot x^n$.
Nach der Produktregel gilt:

$$f_{n+1}'(x)=1\cdot f_n(x)+x\cdot f_n'(x)=x^n+x\cdot n\cdot x^{n-1}=(n+1)\cdot x^n.$$

Aufgabe 7: Analog zu Aufgabe 6 mit vollständiger Induktion nach n.

Aufgabe 8: $\tan x=\frac{\sin x}{\cos x}$, $\cot x=\frac{\cos x}{\sin x}$. Nach der Quotientenregel ist dann

$$\tan'(x)=\frac{\cos x\cos x-\sin x(-\sin x)}{\cos^2 x}=\frac{\cos^2 x+\sin^2 x}{\cos^2 x}=\frac{1}{\cos^2 x}$$
$$\cot'(x)=\frac{-\sin x\cdot\sin x-\cos x\cdot\cos x}{\sin^2 x}=-\frac{\sin^2 x+\cos^2 x}{\sin^2 x}=-\frac{1}{\sin^2 x}.$$

Aufgabe 9: $t(x)=f(x_0)+f'(x_0)(x-x_0)$.

a) $t(x)=16+20(x-2)=20x-24$.
Die Schnittpunkte des Graphen G_f mit der Tangente ergeben sich aus

$$f(x)=t(x)\Leftrightarrow x^3+2x^2=20x-24\Leftrightarrow x^3+2x^2-20x+24=0.$$

Eine Nullstelle x_0 ist 2. Die anderen Nullstellen ergeben sich nach Division von $x^3+2x^2-20x+24$ durch $(x-2)$ aus der quadratischen Gleichung $x^2+4x-12=0$ zu 2 und -6. Ein weiterer Schnittpunkt liegt also bei $x_0=-6$.

b) $t(x)=\frac{8}{3}-\frac{2}{9}(x-4)=-\frac{2}{9}x+\frac{32}{9}$.
Schnittpunkte von f(x) und t(x) ergeben sich aus

$$f(x)=t(x) \Leftrightarrow \frac{2x}{x-1}=-\frac{2}{9}x+\frac{32}{9} \Leftrightarrow 2x^2-16x+32=0 \Leftrightarrow x^2-8x+16=0.$$

Die einzige Nullstelle ist 4. Die Tangente hat keine weiteren Schnittpunkte mit dem Graphen von f.

c) $t(x)=x-1$. Die Tangente an eine Gerade ist die Gerade selbst. Für alle $x\geq 1$ ist also $f(x)=t(x)$.

Aufgabe 10:

a) $f'(x)=6(x^2-4x)^5\cdot(2x-4)$

b) $f'(x)=3\cdot\sin^2 x\cdot\cos x$

c) $f'(x)=3\cdot\cos 3x$

d) $$f'(x)=\frac{(2x-1)\cdot\sqrt{x^2+x}-(x^2-x)\cdot\frac{1}{2\sqrt{x^2+x}}\cdot(2x+1)}{x^2+x}$$

Aufgabe 11:

a) Die Funktion $g(x)=\sqrt[n]{x}$, $\mathbb{D}_g=\mathbb{R}_0^+$ ist als Umkehrfunktion der auf $\mathbb{R}_0^+$ definierten Potenzfunktion $f(x)=x^n$ erklärt. f ist differenzierbar auf $\mathbb{R}_0^+$, und es ist $f'(a)=n\cdot a^{n-1}\neq 0$ für alle $a>0$. Also ist $g=f^{-1}$ in allen Punkten $b=f(a)=a^n$, $a>0$, also auf $\mathbb{R}^+$, differenzierbar, und es gilt:

$$g'(b)=(f^{-1})'(b)=\frac{1}{f'(a)}=\frac{1}{n\cdot a^{n-1}}=\frac{1}{n\cdot(\sqrt[n]{b})^{n-1}}=\frac{1}{n}\,\frac{1}{b^{\frac{n-1}{n}}}=\frac{1}{n}\,b^{\frac{1-n}{n}}=\frac{1}{n}\,b^{\frac{1}{n}-1}.$$

b) Nach der Kettenregel gilt für $x^{\frac{p}{q}}=(x^p)^{\frac{1}{q}}$:

$$f'(x)=\frac{1}{q}(x^p)^{\frac{1}{q}-1}\cdot p\,x^{p-1}=\frac{p}{q}\,x^{\frac{p}{q}-p+p-1}=\frac{p}{q}\,x^{\frac{p}{q}-1}.$$

Aufgabe 12: Die Logarithmusfunktion $g(x)=\log_q(x)$, $D_g=\mathbb{R}^+$ ist als Umkehrfunktion der auf $\mathbb{R}$ definierten Exponentialfunktion $f(x)=q^x$ definiert. f ist differenzierbar auf $\mathbb{R}$, und es ist $f'(a)=\ln q\cdot q^a\neq 0$ für alle $a\in\mathbb{R}$. Also ist $\log_q$ in allen Punkten $b=q^a$, also auf $\mathbb{R}^+$ differenzierbar, und es gilt:

$$\log_q'(b)=\frac{1}{f'(a)}=\frac{1}{\ln q\cdot q^a}=\frac{1}{\ln q\cdot b}.$$

Abschlußtest

Aufgabe 1:

a) $f(x)=x^2(1-4x^3)=x^2-4x^5$; $f'(x)=2x-20x^4$

b) $f(x)=\underbrace{(x^2-2x)}_{u(x)}\underbrace{\sqrt{x}\sin x}_{v(x)} \Rightarrow$

$$f'(x)=(2x-2)\sqrt{x}\sin x+(x^2-2x)\left(\frac{1}{2\sqrt{x}}\sin x+\sqrt{x}\cos x\right)$$

c) $f'(x)=\dfrac{3x^2(1+4x^2)-8x\cdot x^3}{(1+4x^2)^2}=\dfrac{3x^2+4x^4}{(1+4x^2)^2}$

d) $f'(x)=\dfrac{4x}{2\cdot\sqrt{1+2x^2}}=\dfrac{2x}{\sqrt{1+2x^2}}$

e) $f'(x)=\dfrac{1}{2\cdot\sqrt{\dfrac{x}{x+1}}}\cdot\dfrac{x+1-x}{(x+1)^2}=\dfrac{1}{2}\cdot\sqrt{\dfrac{x+1}{x}}\cdot\dfrac{1}{(x+1)^2}$

Aufgabe 2:

a) Man setze $\langle h_n\rangle=\left\langle\dfrac{(-1)^n}{n}\right\rangle$. Dann ist

$$\frac{f(3+h_n)-f(3)}{h_n}=\frac{\left|3+\frac{(-1)^n}{n}-3\right|}{\frac{(-1)^n}{n}}=\frac{\left|\frac{(-1)^n}{n}\right|}{\frac{(-1)^n}{n}}=\frac{1}{(-1)^n}=(-1)^n.$$

Die Folge der Differenzenquotienten $\left\langle\dfrac{f(3+h_n)-f(3)}{h_n}\right\rangle$ konvergiert nicht.

b) Man setze $\langle h_n\rangle=\left\langle\dfrac{(-1)^n}{n}\right\rangle$. Dann ist

$$\frac{f(3+h_n)-f(3)}{h_n}=\frac{\left|\left(3+\frac{(-1)^n}{n}\right)^2-2\left(3+\frac{(-1)^n}{n}\right)-3\right|}{\frac{(-1)^n}{n}}$$

$$=\frac{\left|9+6\cdot\frac{(-1)^n}{n}+\frac{1}{n^2}-6-2\cdot\frac{(-1)^n}{n}-3\right|}{\frac{(-1)^n}{n}}=\frac{\left|\frac{1}{n^2}+4\cdot\frac{(-1)^n}{n}\right|}{\frac{(-1)^n}{n}}$$

$$=\begin{cases}\dfrac{\frac{1}{n^2}+\frac{4}{n}}{\frac{1}{n}} & \text{für n gerade}\\[2ex] \dfrac{-\left(\frac{1}{n^2}-\frac{4}{n}\right)}{-\frac{1}{n}}=\dfrac{\frac{1}{n^2}-\frac{4}{n}}{\frac{1}{n}} & \text{für n ungerade}\quad\left(\text{denn } \frac{1}{n^2}-\frac{4}{n}<0\right)\end{cases}$$

$$=\begin{cases} \dfrac{4n+1}{n}=4+\dfrac{1}{n} & \text{für n gerade} \\ \dfrac{-4n+1}{n}=-4+\dfrac{1}{n} & \text{für n ungerade} \end{cases}$$

Die Folge der Differenzenquotienten $\left\langle\dfrac{f(3+h_n)-f(3)}{h_n}\right\rangle$ konvergiert nicht.

Aufgabe 3:

a) Es ist $f'(x)=(4x^3-6x^2)\sqrt{x}+\dfrac{1}{2\sqrt{x}}(x^4-2x^3)$,

$f(1)=-1$, $f'(1)=-\frac{5}{2}$, also $t(x)=-1-\frac{5}{2}(x-1)=-\frac{5}{2}x+\frac{3}{2}$.

b) Es ist $f'(x)=\dfrac{\dfrac{1}{2\sqrt{x}}(\sqrt{x}+3)-\dfrac{1}{2\sqrt{x}}(\sqrt{x}-3)}{(\sqrt{x}+3)^2}=\dfrac{\dfrac{3}{\sqrt{x}}}{(\sqrt{x}+3)^2}$,

also $f'(4)=\frac{3}{50}$ und $f(4)=-\frac{1}{5}$.
Es folgt $t(x)=-\frac{1}{5}+\frac{3}{50}(x-4)=\frac{3}{50}x-\frac{11}{25}$.

c) Es ist $f'(x)=\dfrac{2x}{2\sqrt{1-x^2}(1-x^2)}$, also $f'\left(\dfrac{1}{2}\right)=\dfrac{4}{3\sqrt{3}}$.

Mit $f\left(\dfrac{1}{2}\right)=\dfrac{2}{\sqrt{3}}$ folgt $t(x)=\dfrac{2}{\sqrt{3}}+\dfrac{4}{3\sqrt{3}}\left(x-\dfrac{1}{2}\right)=\dfrac{4}{3\sqrt{3}}x+\dfrac{4}{3\sqrt{3}}$.

4. Kapitel

Aufgabe 1: $f'(x)=2x^3-6x\leq 0 \Leftrightarrow x\leq-\sqrt{3} \vee 0\leq x\leq\sqrt{3}$.

Aufgabe 2:

a) $f'(x)=3x^2-4x$

f ist monoton steigend $\Leftrightarrow f'(x)\geq 0 \Leftrightarrow 3x^2-4x\geq 0$

$\Leftrightarrow x\cdot(3x-4)\geq 0 \quad \Leftrightarrow x\geq\frac{4}{3} \vee x\leq 0$

f ist monoton fallend $\Leftrightarrow 3x^2-4x\leq 0 \Leftrightarrow 0\leq x\leq\frac{4}{3}$

b) $f'(x)=\cos x$

1) $\cos x\geq 0 \Leftrightarrow x\in[-\pi, 0]\cup[\pi, 2\pi]$ (monoton steigend)
2) $\cos x\leq 0 \Leftrightarrow x\in[-2\pi, -\pi]\cup[0, \pi]$ (monoton fallend)

c) $f'(x)=\dfrac{1\cdot(x^2-1)-x\cdot 2x}{(x^2-1)^2}=\dfrac{-x^2-1}{(x^2-1)^2}$

f ist monoton fallend $\Leftrightarrow \dfrac{-x^2-1}{(x^2-1)^2}\leq 0 \Leftrightarrow -x^2-1\leq 0 \wedge x^2\neq 1$

$\Leftrightarrow x\in\mathbb{R}\setminus\{-1, 1\}$

f ist monoton steigend $\Leftrightarrow \dfrac{-x^2-1}{(x^2-1)^2}\geq 0$

$\Leftrightarrow [(-x^2-1 \geq 0 \wedge (x^2-1)^2 > 0) \vee (-x^2-1 \leq 0 \wedge (x^2-1)^2 < 0)] \wedge [x^2 \neq 1]$
$\Leftrightarrow \mathbb{L}_x = \{\ \}$
Also ist f(x) über ihrem gesamten Definitionsbereich monoton fallend.

Aufgabe 3:

a) $$f_1(x) = |x| = \begin{cases} x & \text{für } x > 0 \\ 0 & \text{für } x = 0 \\ -x & \text{für } x < 0 \end{cases}$$

Sei $U(x_0) = [-0{,}5; 0{,}5]$, dann gilt:

$$\left.\begin{array}{l} 1)\ x \in U(0) \text{ und } x < 0 \Rightarrow f_1(x) = -x > 0 \\ 2)\ x \in U(0) \text{ und } x = 0 \Rightarrow f_1(0) = 0 \\ 3)\ x \in U(0) \text{ und } x > 0 \Rightarrow f_1(x) = x \quad > 0 \end{array}\right\} \Rightarrow \text{Behauptung.}$$

b) $$f_2(x) = \left\{\begin{array}{ll} |x|-2 & \text{für } x > 2 \\ |x|-2 & \text{für } x = 2 \\ -(|x|-2) & \text{für } x < 2 \end{array}\right\} = \begin{cases} -x-2 & \text{für } x < -2 \\ 0 & \text{für } x = -2 \\ 2+x & \text{für } -2 < x < 0 \\ 2 & \text{für } x = 0 \\ 2-x & \text{für } 0 < x < 2 \\ 0 & \text{für } x = 2 \\ x-2 & \text{für } x > 2 \end{cases}$$

Durch entsprechende Fallunterscheidung folgt dann die Behauptung. Der Nachweis soll für das lokale Maximum an der Stelle $x = 0$ geführt werden. Wähle $U(x_0) = [-0{,}5; 0{,}5] \Rightarrow$ Von der Funktion $f_2(x)$ brauchen nur die drei inneren Fälle betrachtet zu werden:

$$f(x) = \begin{cases} 2+x & \text{für } -0{,}5 < x < 0 \\ 2 & \text{für } x = 0 \\ 2-x & \text{für } 0 < x < 0{,}5 \end{cases}$$

Da $2+x \leq 2$ für $-0{,}5 < x \leq 0$ und $2-x \leq 2$ für $0 < x < 0{,}5$ folgt, daß an der Stelle $x_0 = 0$ ein lokaler Hochpunkt vorliegt, nämlich (0/2).

Führen Sie die Nachweise für die Tiefpunkte analog!

c)

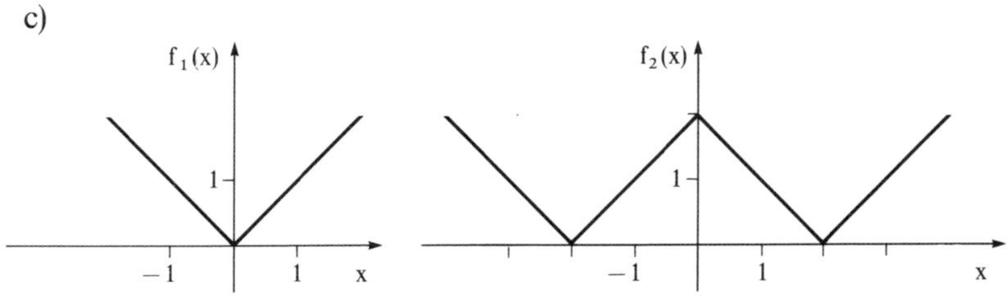

Aufgabe 4:

a) $f'(x) = x^3 - 6x^2 + 3x + 10$
$f'(x) = 0 \Leftrightarrow x^3 - 6x^2 + 3x + 10 = 0 \Leftrightarrow x = -1 \vee x = 2 \vee x = 5$
Falls Sie bei der Lösungsmengenbestimmung dieser Gleichung Schwierigkeiten hatten, so schlagen Sie im Band I im Kapitel über die Berechnung von Nullstellen ganzrationaler Funktionen nach.

b) Nach Teil (a) gilt: $f'(x)=(x+1)\cdot(x-2)\cdot(x-5)$
Sei $x_0=2$ und $U(2)=]1;3[$, dann gilt:
1) $U\ni x<2 \Rightarrow x-2<0 \Rightarrow (x+1)\cdot(x-2)<0 \Rightarrow (x+1)\cdot(x-2)\cdot(x-5)>0$
2) $U\ni x>2 \Rightarrow x-2>0 \Rightarrow (x+1)\cdot(x-2)>0 \Rightarrow (x+1)\cdot(x-2)\cdot(x-5)<0$
(da in $]1;3[$ gilt: $x+1>0$ und $x-5<0$)
Zusammenfassend gilt also: $f'(x)>0$ für $1<x<2$ und $f'(x)<0$ für $2<x<3$. Also hat f in $x_0=2$ ein lokales Maximum.

c) Sei $x_0=-1$ und $U(x_0)=]-2;0[$, dann gilt:
1) $U\ni x<-1 \Rightarrow x+1<0 \Rightarrow (x+1)\cdot(x-2)\cdot(x-5)<0$
2) $U\ni x>-1 \Rightarrow x+1>0 \Rightarrow (x+1)\cdot(x-2)\cdot(x-5)>0$
(da in $]-2;0[$ gilt: $x-2<0$ und $x-5<0$)
Also hat f in $x_0=-1$ ein lokales Minimum.

Aufgabe 5:

a) 1) $f'(x)=3x^2-4x$, $f''(x)=6x-4$
2) $f'(x)=0 \Leftrightarrow 3x^2-4x=0 \Leftrightarrow x=0 \vee x=\frac{4}{3}$
3) $f''(0)=-4<0 \Rightarrow 0$ ist Maximalstelle
$f''(\frac{4}{3})=6\cdot\frac{4}{3}-4=4>0 \Rightarrow \frac{4}{3}$ ist Minimalstelle.

b) 1) $f'(x)=\cos x$, $f''(x)=-\sin x$
2) $f'(x)=0 \Leftrightarrow x\in\{-1{,}5\pi;\ -0{,}5\pi;\ 0{,}5\pi;\ 1{,}5\pi\}$
3) $f''(-\frac{3}{2}\pi)=-1<0$; $f''(-\frac{1}{2}\pi)=1>0$; $f''(\frac{1}{2}\pi)=-1<0$
$f''(\frac{3}{2}\pi)=1>0$
$\Rightarrow -\frac{3}{2}\pi$ und $\frac{1}{2}\pi$ sind Maximalstellen und $-\frac{1}{2}\pi$ und $\frac{3}{2}\pi$ sind Minimalstellen von f.

c) 1) $f'(x)=\dfrac{x^2-1-x\cdot 2x}{(x^2-1)^2}=\dfrac{-x^2-1}{(x^2-1)^2}$

$$f''(x)=\frac{-2x\cdot(x^2-1)^2-(-x^2-1)\cdot 2\cdot(x^2-1)\cdot 2x}{(x^2-1)^4}=\frac{2x^3+6x}{(x^2-1)^3}$$

2) $f'(x)=0 \Leftrightarrow -x^2-1=0 \Leftrightarrow \mathbb{L}_x=\{\ \}$
Der Graph von f hat also keine Extremstellen.

Aufgabe 6:

$f'(x)=4\cdot x^3$; $f''(x)=12x^2$

Es gilt: $f''(0)=0$, aber an der Stelle $x_0=0$ liegt ein Tiefpunkt (s. auch Beispiel 5) und keine Wendestelle vor.

Aufgabe 7:

$f'(x)=5x^4$; $f''(x)=20x^3$; $f'''(x)=60x^2$

Nach Anwendung des Satzes 4.12 wissen wir, daß an der Stelle $x_0=0$ eine Wendestelle liegt. Es gilt zwar $f''(0)=20\cdot 0=0$, aber $f'''(0)=60\cdot 0=0$ und ist somit nicht von 0 verschieden.

Aufgabe 8:

a) $f'(x)=3x^2-4x$; $f''(x)=6x-4$; $f'''(x)=6$
$f''(x)=0 \Leftrightarrow 6x-4=0 \Leftrightarrow x=\frac{2}{3}$; $f'''(\frac{2}{3})=6\neq 0$
$\Rightarrow$ an der Stelle $x_0=\frac{2}{3}$ liegt eine Wendestelle vor.

b) $f'(x)=\cos x$; $f''(x)=-\sin x$; $f'''(x)=-\cos x$

$f''(x)=0 \Leftrightarrow -\sin x=0 \Leftrightarrow x\in\{-\pi; 0; \pi\}=\mathbb{L}_x$
$f'''(-\pi)=f'''(\pi)=1\neq 0; \quad f'''(0)=-1\neq 0$
$\Rightarrow$ an allen drei Elementen von $\mathbb{L}_x$ liegen Wendestellen vor.

c) $f'(x)=\frac{-x^2-1}{(x^2-1)^2}; \quad f''(x)=\frac{2x^3+6x}{(x^2-1)^3}; \quad f'''(x)=\frac{-6\cdot(x^4+6x^2+1)}{(x^2-1)^4}$

$f''(x)=0 \Leftrightarrow x=0; \quad f'''(0)=-6\neq 0$
$\Rightarrow$ an der Stelle $x_0=0$ liegt eine Wendestelle vor.

Aufgabe 9: Da die 2. Ableitung einer ganzrationalen Funktion von um 2 niedrigerem Grade ist, gilt:
Eine ganzrationale Funktion n-ten Grades hat höchstens $n-2$ Wendestellen.

Aufgabe 10:

a) $f(x)=ax^3+bx^2+cx+d; \quad f'(x)=3ax^2+2bx+c;$
$f''(x)=6ax+2b; \quad f'''(x)=6a$

$$f''(x)=0 \Leftrightarrow 6ax+2b=0 \Leftrightarrow x=-\frac{b}{3a}; \quad f'''\left(-\frac{b}{3a}\right)=6a\neq 0$$

An der Stelle $x_0=-\frac{b}{3a}$ liegt also eine Wendestelle vor. Der Wendepunkt hat die Koordinaten $\left(-\frac{b}{3a}\Big/\frac{2b^3}{27a^2}-\frac{bc}{3a}+d\right)$.

b) Nach Definition 3.27 in Band I ist eine Funktion punktsymmetrisch zu einem Punkt Z (x_0/y_0) genau dann, wenn für alle $x\in\mathbb{D}_f$ gilt:
$f(2x_0-x)=2y_0-f(x)$

$$f(2x_0-x)=f\left(-\frac{2b}{3a}-x\right)$$
$$=a\cdot\left(-\frac{2b}{3a}-x\right)^3+b\cdot\left(-\frac{2b}{3a}-x\right)^2+c\left(-\frac{2b}{3a}-x\right)+d$$
$$=-\frac{8ab^3}{27a^3}-\frac{12ab^2}{9a^2}x-\frac{2ab}{a}x^2-ax^3+\frac{4b^3}{9a^2}+\frac{4b^2}{3a}x$$
$$+bx^2-\frac{2bc}{3a}-cx+d$$

$$2y_0-f(x)=\frac{4b^3}{27a^2}-\frac{2bc}{3a}+2d-ax^3-bx^2-cx-d$$

Ein Vergleich der beiden Terme für $f(2x_0-x)$ und $2y_0-f(x)$ ergibt, daß sie übereinstimmen. Also folgt die Behauptung.

Aufgabe 11:

I) $\mathbb{D}_{max}=\mathbb{R}$

II) f ist als ganzrationale Funktion über ganz $\mathbb{R}$ differenzierbar (und damit stetig)

III) a) $f(0)=2 \Rightarrow$ Schnittpunkt mit der f(x)-Achse ist (0/2)
b) $f(x)=0 \Leftrightarrow \frac{1}{4}x^4-2x^2+2=0$

$\Leftrightarrow z^2 - 8z + 8 = 0$ (mit $x^2 = z$) $\Leftrightarrow z^2 = 4 \pm \sqrt{8}$

$\Leftrightarrow x \in \{-\sqrt{4-\sqrt{8}};\ -\sqrt{4+\sqrt{8}};\ \sqrt{4-\sqrt{8}};\ \sqrt{4+\sqrt{8}}\}$

$\Rightarrow$ Schnittpunkte mit der x-Achse sind (als Näherungswerte) $(-2{,}61/0)$; $(-1{,}08/0)$; $(1{,}08/0)$; $(2{,}61/0)$

IV) f ist als gerade Funktion achsensymmetrisch zur f(x)-Achse

V), VI) entfallen

VII) $f'(x) = x^3 - 4x$; $f''(x) = 3x^2 - 4$
(1) $f'(x) = 0 \Leftrightarrow x = 0 \vee x = 2 \vee x = -2$
(2) $f''(-2) = 8 > 0$; $f''(0) = -4 < 0$; $f''(2) = 8 > 0$
Es gibt also Tiefpunkte in $(-2/-2)$ und $(2/-2)$ und einen Hochpunkt in $(0/2)$

VIII) $f''(x) = 3x^2 - 4$; $f'''(x) = 6x$

$f''(x) = 0 \Leftrightarrow 3x^2 - 4 = 0$

$\Leftrightarrow x = \frac{2}{\sqrt{3}} \vee x = -\frac{2}{\sqrt{3}}$

$f'''\left(\frac{2}{\sqrt{3}}\right) = 6 \cdot \frac{2}{\sqrt{3}} \neq 0;$

$f'''\left(-\frac{2}{\sqrt{3}}\right) = -6 \cdot \frac{2}{\sqrt{3}} \neq 0$

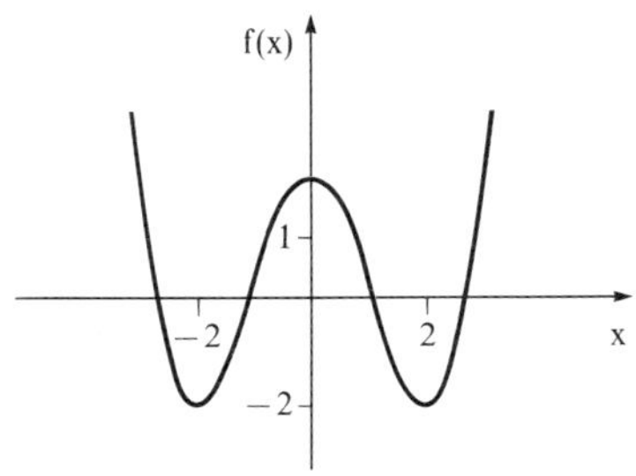

Wendepunkte sind (gerundet) $(1{,}15/-0{,}22)$ und $(-1{,}15/-0{,}22)$.

Aufgabe 12:

I) $\mathbb{D}_{max} = \mathbb{R}$

II) f ist über $\mathbb{D}_{max}$ differenzierbar (und damit auch stetig)

III) (0/4) ist Schnittpunkt mit der f(x)-Achse
Es gibt keine Schnittpunkte mit der x-Achse.

IV) f ist achsensymmetrisch zur f(x)-Achse, da $f(x) = f(-x)$

V) entfällt ($\mathbb{D}_{max} = \mathbb{R}$)

VI) Asymptotenfunktion ist $g(x) = 0$

VII) $f'(x) = \frac{-24x}{(x^2+3)^2}$; $f''(x) = \frac{72x^2 - 72}{(x^2+3)^3}$
Hochpunkt ist (0/4); es gibt keinen Tiefpunkt.

VIII) $f''(x)$ s. oben $f'''(x) = \frac{-288x^3 + 864x}{(x^2+3)^4}$
Wendepunkte sind $(-1/3)$ und $(1/3)$.

IX) Graph von f:

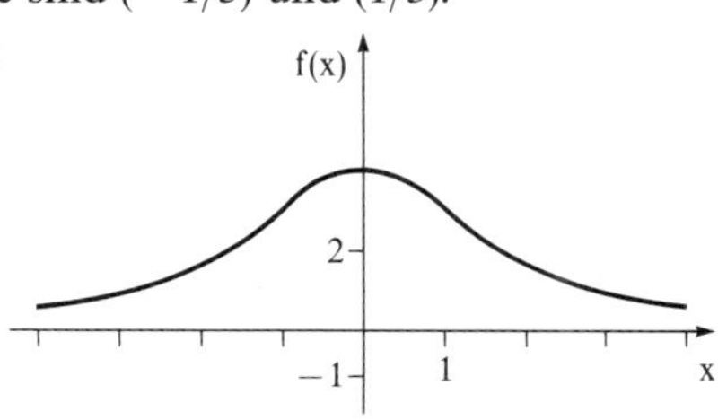

Aufgabe 13:

I) $x-1 \geq 0 \Rightarrow \mathbb{D}_{max} = \mathbb{R}^{\geq 1}$

II) f ist differenzierbar über $\mathbb{R}^{>1}$.

III) a) $0 \notin \mathbb{D}_{max}$, also kein Schnittpunkt mit der f(x)-Achse

b) $f(x)=0 \Leftrightarrow -2x+4\sqrt{x-1}+8=0$

$\Leftrightarrow 4\sqrt{x-1}=2x-8$

$\Rightarrow 16\cdot(x-1)=4x^2-32x+64$

(Quadrieren ist keine Äquivalenzumformung)

$\Leftrightarrow x^2-12x+20=0 \Leftrightarrow x=2 \vee x=10$

Die Probe liefert: $f(2)=8$ und $f(10)=0$; (10/0) ist also der einzige Nullpunkt.

IV) Da $\mathbb{D}_f$ weder zu einem Punkt noch zu einer Parallelen zur y-Achse symmetrisch ist, kann der Graph von f auch keine Symmetrieeigenschaft haben.

V), VI) entfallen

VII) $f'(x) = -2 + \frac{2}{\sqrt{x-1}}$ $(\mathbb{D}_{f'} \neq \mathbb{D}_f : 1 \notin \mathbb{D}_{f'})$; $f''(x) = -\frac{1}{\sqrt{x-1}^3}$

(2/8) ist Hochpunkt; kein Tiefpunkt.

VIII) $f''(x)=0 \Leftrightarrow \mathbb{L}_x = \{\ \} \Rightarrow$ f hat keine Wendestelle.

IX) Graph von f:

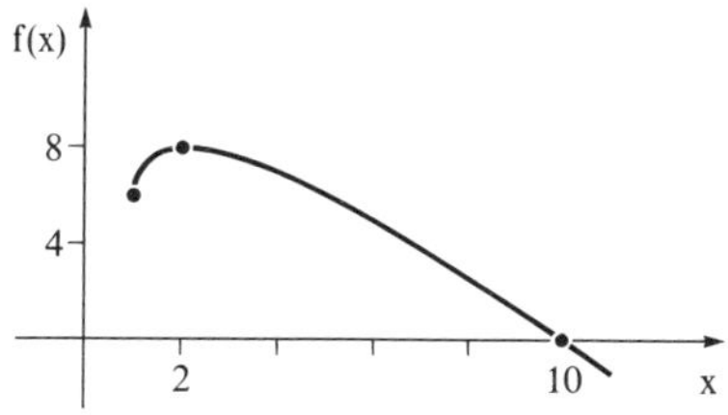

Aufgabe 14:

a) I) s. Aufgabenstellung

II) f ist als Verkettung differenzierbarer Funktionen selbst differenzierbar.

III) $f(x)=0 \Leftrightarrow \frac{\pi}{3}x = k\cdot\pi,\ k\in\mathbb{Z} \Leftrightarrow x=3k,\ k\in\mathbb{Z} \Leftrightarrow x=0$

(da $\mathbb{D}_f=[-2;2]$).

IV) Die Sinusfunktion ist punktsymmetrisch zum Koordinatenursprung.

V), VI) entfallen

VII) $f'(x)=\frac{\pi}{3}\cos\left(\frac{\pi}{3}x\right)$; $f''(x)=\left(\frac{\pi}{3}\right)^2\left(-\sin\left(\frac{\pi}{3}x\right)\right)$

Die Anwendung des bekannten Verfahrens liefert: f hat in $(-1{,}5/-1)$ einen lokalen Tiefpunkt und in $(1{,}5/1)$ einen lokalen Hochpunkt.

VIII) $f''(x)$ s. oben $f'''(x)=\left(\frac{\pi}{3}\right)^3\left(-\cos\left(\frac{\pi}{3}x\right)\right)$

Wendepunkt ist (0/0).

IX) Den Graphen finden Sie im Anschluß an die Lösung zu (b).

b) I) $\mathbb{D}_f=\mathbb{R}^{>0}$

II) f ist als Quotient differenzierbarer Funktionen wieder differenzierbar.

III) $f(x)=0 \Leftrightarrow \ln x=0 \Leftrightarrow x=1$

IV) f hat keine Symmetrieeigenschaften, da $\mathbb{D}_f$ nicht symmetrisch ist.

V) entfällt

VI) Asymptotenfunktion ist die positive x-Achse

VII) $f'(x)=\frac{1-\ln x}{x^2}$; $\qquad f''(x)=\frac{-3+2\cdot\ln x}{x^3}$

An der Stelle $x=e$ liegt ein lokaler Hochpunkt mit den Koordinaten (2,7/0,37).

VIII) $f''(x)$ s. oben; $\qquad f'''(x)=\frac{11-6\cdot\ln x}{x^4}$

An der Stelle $x=e^{1,5}$ liegt ein Wendepunkt mit den Koordinaten (4,48/0,33).

IX) Graph zu (a) und (b):

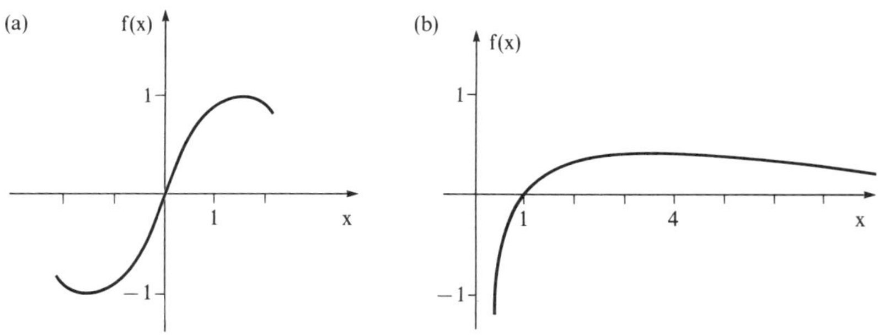

Abschlußtest

Aufgabe 1:

a) $f'(x)=\cos x+2\cos 2x$; $f''(x)=-\sin x-4\sin 2x$

$f'''(x)=-\cos x-8\cos 2x$

I) $\mathbb{D}_f$: s. Aufgabenstellung

II) f ist als aus trigonometrischen Funktionen zusammengesetzte Funktion über $\mathbb{D}_f$ differenzierbar.

III) a) Schnittpunkt mit der f(x)-Achse ist (0/0)

b) Schnittpunkte mit der x-Achse sind (0/0); (π/0); (2π/0); (3π/0); ($\frac{2}{3}\pi$/0); ($\frac{4}{3}\pi$/0) und ($\frac{8}{3}\pi$/0)

VII) Hochpunkte sind: (0,94/1,75); (3,71/0,37) und (7,21/1,75) Tiefpunkte sind: (2,57/−0,37); (5,35/−1,75) und (8,85/−0,37)

VIII) Wendepunkte sind:

(0/0); (π/0); (2π/0); (3π/0); (1,7/0,73); (4,59/−0,73) und (7,98/0,73).

b) $f'(x)=\frac{-2x^2+2}{(x^2+1)^2}$; $f''(x)=\frac{4x^3-12x}{(x^2+1)^3}$; $f'''(x)=\frac{-12x^4+72x^2-12}{(x^2+1)^4}$

I) $\mathbb{D}_f=\mathbb{R}$
II) f ist über $\mathbb{D}_f$ differenzierbar
III) f schneidet beide Koordinatenachsen in (0/0)
IV) punktsymmetrisch zu (0/0)
VI) Asymptotenfunktion ist $g(x)=0$
VII) Hochpunkt in (1/1); Tiefpunkt in $(-1/-1)$
VIII) Wendepunkte in $\left(\sqrt{3}\,\middle/\,\frac{\sqrt{3}}{2}\right)$ und $\left(-\sqrt{3}\,\middle/\,-\frac{\sqrt{3}}{2}\right)$

c) Ableitungen:

für $x>0$: $f'(x)=\frac{-2x}{(x^2+4)^2}$; $f''(x)=\frac{6x^2-8}{(x^2+4)^3}$; $f'''(x)=\frac{-24x^3+96x}{(x^2+4)^4}$

für $x<0$: $f'(x)=\frac{2x}{(x^2+4)^2}$; $f''(x)=\frac{8-6x^2}{(x^2+4)^3}$; $f'''(x)=\frac{24x^3-96x}{(x^2+4)^4}$

I) $\mathbb{D}_f=\mathbb{R}$
II) f ist über $\mathbb{R}\setminus\{0\}$ differenzierbar und in 0 nicht stetig
III) f schneidet beide Koordinatenachsen in (0/0)
IV) punktsymmetrisch zu (0/0)
VI) Asymptotenfunktion ist $g(x)=0$
VII) lokale Extremstellen von f lassen sich mit den Methoden der Differentialrechnung nicht ermitteln, da f in 0 nicht differenzierbar ist.
VIII) Wendepunkte sind $\left(\frac{2}{\sqrt{3}}\,\middle/\,\frac{3}{16}\right)$ und $\left(-\frac{2}{\sqrt{3}}\,\middle/\,-\frac{3}{16}\right)$

Graphen zu den Funktionen:

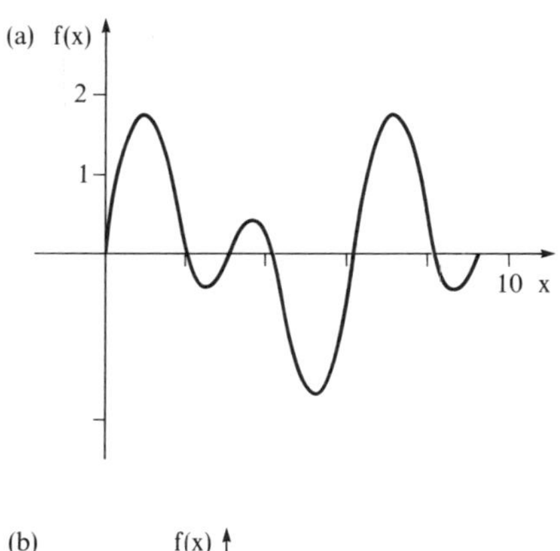

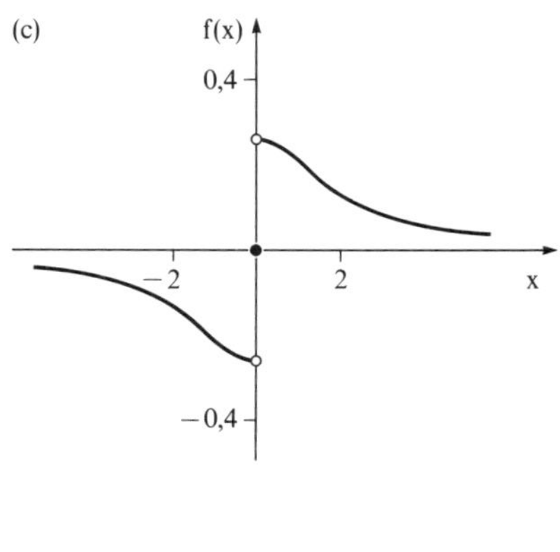

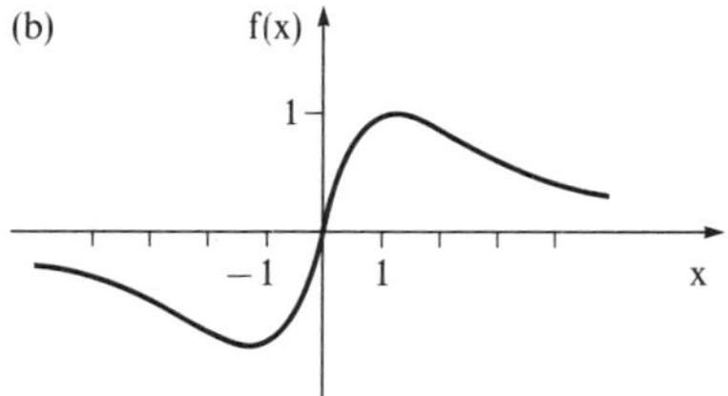

Aufgabe 2:

$f'(x) = 2 \cdot e^x(e^x - 2)$; $f''(x) = 4e^x \cdot (e^x - 1)$;
$f'''(x) = 4 \cdot e^x \cdot (2e^x - 1)$

I) $\mathbb{D}_f = \mathbb{R}$

II) f ist differenzierbar über $\mathbb{D}_f$

III) a) $f(0) = (1-2)^2 = 1$

b) $f(x) = 0 \Leftrightarrow e^x = 2 \Leftrightarrow x = \ln 2$

IV) keine Symmetrieeigenschaften

VII) Tiefpunkt in (ln 2/0)

VIII) Wendepunkt in (ln 1/1)

IX) Graph von f

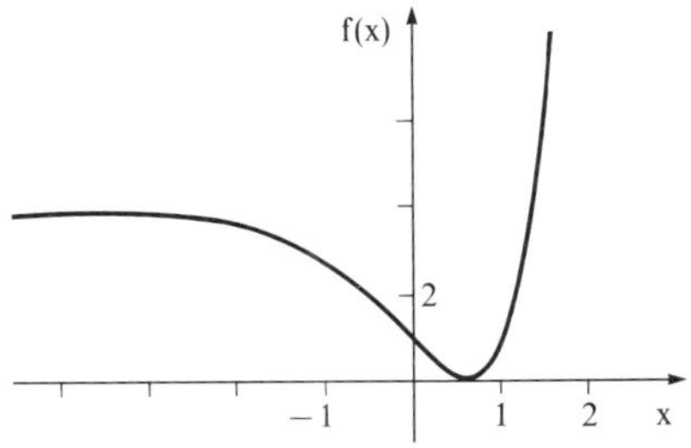